ABD EL HEDI GABSI

A arte da precisão

ABD EL HEDI GABSI

A arte da precisão

Operação de máquinas-ferramentas com controlo numérico

ScienciaScripts

Imprint

Any brand names and product names mentioned in this book are subject to trademark, brand or patent protection and are trademarks or registered trademarks of their respective holders. The use of brand names, product names, common names, trade names, product descriptions etc. even without a particular marking in this work is in no way to be construed to mean that such names may be regarded as unrestricted in respect of trademark and brand protection legislation and could thus be used by anyone.

Cover image: www.ingimage.com

This book is a translation from the original published under ISBN 978-620-6-70337-2.

Publisher:
Sciencia Scripts
is a trademark of
Dodo Books Indian Ocean Ltd. and OmniScriptum S.R.L publishing group

120 High Road, East Finchley, London, N2 9ED, United Kingdom
Str. Armeneasca 28/1, office 1, Chisinau MD-2012, Republic of Moldova, Europe
Printed at: see last page
ISBN: 978-620-7-89455-0

Copyright © ABD EL HEDI GABSI
Copyright © 2024 Dodo Books Indian Ocean Ltd. and OmniScriptum S.R.L publishing group

Conteúdo

As máquinas-ferramentas de controlo numérico são cada vez mais utilizadas nas empresas de fabrico mecânico. O fabrico CNC refere-se à maquinação de peças mecânicas utilizando máquinas programáveis. Estas máquinas são principalmente utilizadas para fabricar peças complexas com um elevado grau de precisão. Graças à integração de tecnologias de ponta, sofreram uma evolução notável, tornando-se mais potentes, mais fáceis de utilizar e mais precisas.

Existem várias normas de programação para máquinas CNC. A primeira norma de programação foi a ISO 840, desenvolvida em 1973 pela Organização Internacional de Normalização. Atualmente, estas normas evoluíram e diversificaram-se consideravelmente. Este livro apresenta principalmente as linguagens de programação ISO 4649, DIN 66025, RS274 e FANUC. Em suma, estas linguagens baseiam-se em códigos que determinam as operações a efetuar pela máquina. Embora os códigos de base sejam os mesmos para a maioria das máquinas, os códigos para as funções auxiliares, estruturas e sub-rotinas diferem consoante as normas.

Um programa NC é essencialmente uma lista de operações efectuadas automaticamente pela máquina. É composto por "códigos G" e "funções M". Estes códigos são inicialmente introduzidos no controlador da máquina, depois convertidos em comandos para os pré-actuadores e, finalmente, transformados em acções. Estas acções podem ser movimentos do carro, rotações do fuso, mudanças de ferramentas ou comandos de refrigeração, etc. Todos os códigos utilizados para produzir uma peça constituem o programa NC. Este programa pode também conter instruções tais como condições, loops, contadores e operações matemáticas, etc.

Para ajudar os fabricantes a dominar o fabrico CNC, este livro começa por descrever os conceitos básicos das máquinas CNC. Em segundo lugar, centra-se na linguagem de programação conhecida como "códigos G". Finalmente, descreve os ciclos de maquinagem para completar o processo de aprendizagem.

Capítulo I

Máquinas-ferramentas de controlo numérico

1.1 Introdução

Os processos de fabrico de peças progrediram consideravelmente. Atualmente, as máquinas de controlo numérico substituíram as máquinas convencionais na maioria das indústrias de fabrico mecânico. De um ponto de vista funcional, uma máquina-ferramenta de controlo numérico, ou "NCMT", é essencialmente igual a uma máquina-ferramenta convencional. A diferença entre uma máquina-ferramenta NC e uma máquina convencional está na secção de controlo. Nas máquinas convencionais, operações como a rotação do fuso, os movimentos do carro, o líquido de refrigeração, a mudança de ferramenta e a mudança de velocidade são efectuadas pelo operador, ao passo que nas máquinas CNC, estas operações são geridas pelo controlador da máquina.

1.2 Contexto histórico

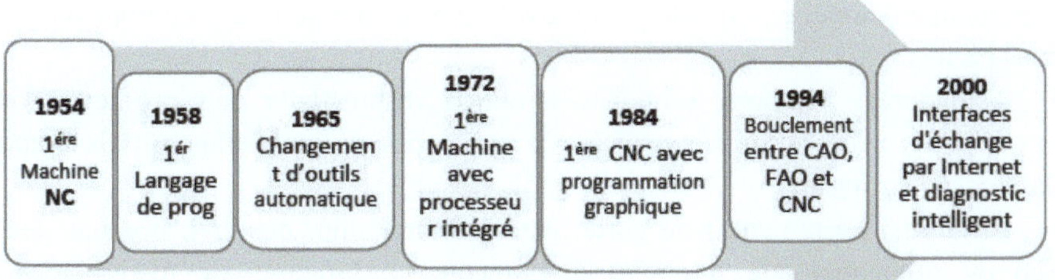

Máquinas-ferramentas com controlo numérico" "Máquinas-ferramentas com controlo numérico": este termo refere-se geralmente a máquinas de fabrico mecânico automatizadas por remoção de aparas, tais como fresadoras, tornos, máquinas de electro-erosão, etc. No entanto, os conceitos de "NC" estão atualmente a ser aplicados a uma gama mais vasta de máquinas, tais como máquinas de corte, máquinas de perfuração, máquinas de montagem, máquinas de soldar, etc. Estas máquinas, apesar de utilizarem processos diferentes, beneficiam das vantagens do controlo numérico, oferecendo uma maior automatização, precisão e flexibilidade no seu processo de fabrico.

1.3 Vantagens e desvantagens dos NCM

Vantagens :

✓ Precisão de fabrico: peças de maior qualidade.

✓ Maquinação de superfícies complexas.

✓ Flexibilidade: favorece a produção em pequenos lotes.

✓ Repetibilidade.

✓ Segurança: sem operador humano.

Desvantagens :

✓ Investimento inicial muito elevado.

✓ Operadores qualificados.

1.4 Princípio de funcionamento

Como todos os sistemas automatizados, as máquinas NC são compostas por uma parte de controlo ("PC"), uma parte de operação ("OP") e uma parte de ligação composta por pré-actuadores e sensores.

A secção de controlo converte os programas em controlo do pré-atuador. É geralmente composta por um diretor de controlo, um controlador lógico programável (PLC) e cartões electrónicos. Em algumas máquinas, o PLC pode ser substituído por um microcomputador ou por uma placa eletrónica.

A parte operacional é utilizada para mover ou rodar a máquina e é composta por duas partes:

• Actuadores: Motores, cilindros e outros dispositivos que produzem os movimentos necessários à execução de operações de maquinagem, tais como deslocação e rotação.

• Efectores: Ferramentas de corte, mesas de trabalho, mandris, bombas, etc. São os elementos que intervêm diretamente no processo de maquinagem, efectuando o corte, a perfuração, a fresagem, etc.

A secção de ligação desempenha um papel crucial para assegurar a comunicação e o diálogo entre as secções de controlo e de operação. Isto permite que as instruções e os dados do programa CNC sejam transmitidos aos actuadores e aos operadores finais, de modo a que as operações de maquinação possam ser executadas automaticamente e com precisão.

1.5.1 Arquitetura

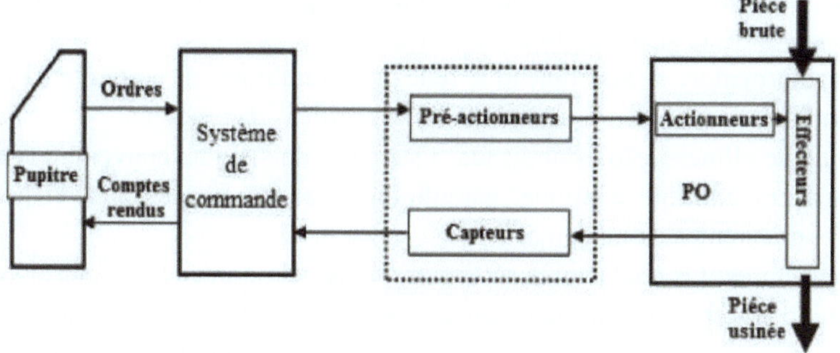

1.5.2 Estrutura funcional de um NCM

A estrutura funcional de uma máquina-ferramenta de controlo numérico (NCMT) foi concebida para assegurar o funcionamento automatizado e preciso do processo de maquinagem. Baseia-se na integração harmoniosa das partes de controlo, de funcionamento e de ligação, permitindo uma automatização avançada do processo de maquinagem para satisfazer os requisitos de qualidade, precisão e eficiência da indústria transformadora.

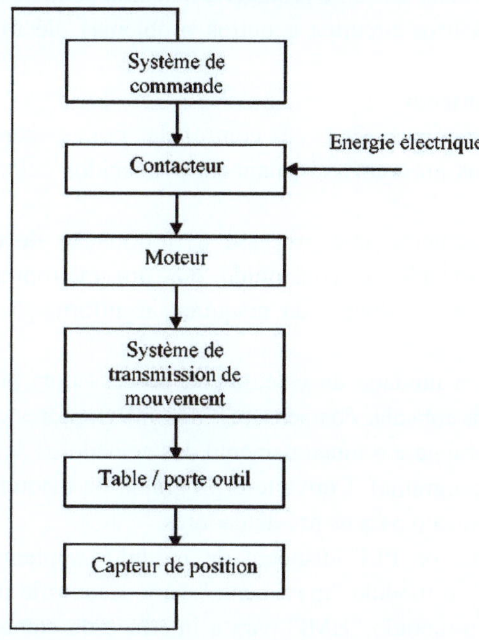

1.5.3 Sistema de alimentação eléctrica

Este sistema está situado no armário elétrico e alimenta a máquina (motores, bomba, consola, lâmpadas, etc.) com energia eléctrica. Os principais componentes deste sistema são os seguintes:

• Transformador: A sua função é reduzir a amplitude da corrente eléctrica, adaptando assim a tensão às necessidades específicas da máquina.

• Fonte de alimentação estabilizada: Esta parte do sistema converte a corrente alternada em corrente contínua, garantindo uma alimentação estável para os vários componentes da máquina.

• Contactores: Os contactores são controlados pela unidade de controlo e têm por função interromper ou autorizar a passagem de corrente eléctrica para os motores e outros dispositivos da máquina, em função das necessidades de maquinagem.

• Disjuntores: Os disjuntores desempenham um papel protetor, interrompendo o fluxo de corrente eléctrica em caso de sobrecarga ou curto-circuito, evitando assim danos nos componentes eléctricos da máquina.

• Elementos de proteção: São os fusíveis, os relés térmicos, os protectores contra sobretensões, etc. A sua função é proteger a máquina contra as sobretensões, as sobrecorrentes, os curtos-circuitos e outros problemas eléctricos que possam surgir. A sua função é proteger a máquina contra as sobretensões, as sobrecorrentes, os curtos-circuitos e outros problemas eléctricos que possam surgir.

1.5.4 Sistema de controlo

A maioria das máquinas CNC é controlada por gestores de controlo, controladores lógicos programáveis, também conhecidos como PLC, e cartões electrónicos.

O autómato é o elemento que processa a informação de acordo com um programa pré-estabelecido. É constituído por um microprocessador e uma memória que contém o software da máquina, as informações variáveis e os dados.

Nas máquinas NC, a unidade de cálculo (ou processador) processa os dados recebidos através da consola, dos sensores, dos interruptores ou dos botões de pressão e, em seguida, gere o funcionamento dos actuadores de acordo com uma lógica sequencial (programa). Converte o programa de maquinação em código "G" em sinais de controlo para os pré-actuadores.

Nas máquinas CNC, os PLC dispõem de módulos suplementares, como o módulo "contagem", o módulo "movimento" para o controlo das velocidades e dos movimentos e o módulo "HMI" para a interface de comunicação homem-máquina.

Os principais PLCs utilizados nas máquinas CNC são : SIEMENS, OMRON, Allen-Bradley, Schneider, FANUC, EMERSON, YOKOGAWA,

INTELLUTION, FOXBORO, ABB, WONDERWARE.
<u>Estrutura da unidade de processamento :</u>

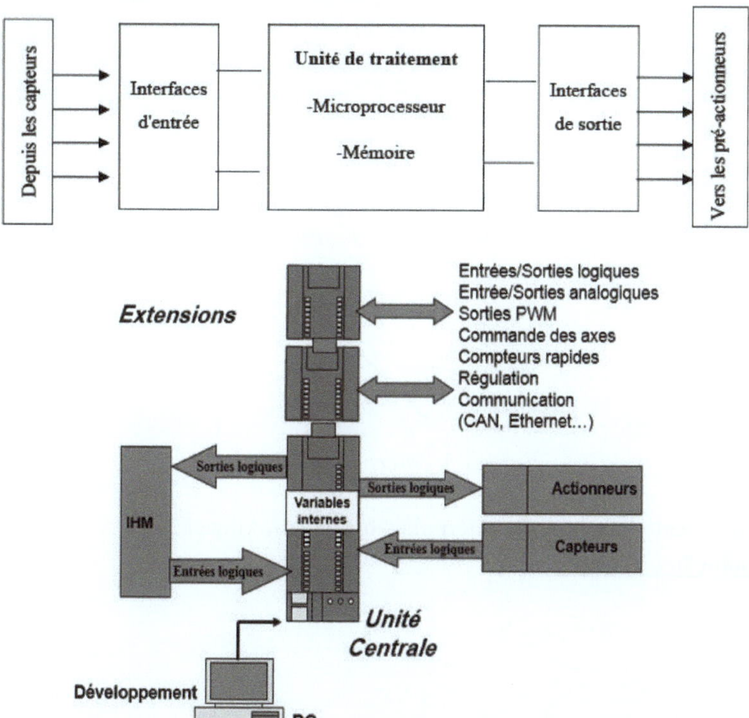

Figura 1. Arquitetura de um controlador lógico programável

Inicialmente, o gestor de controlo envia um sinal ao servomotor, enquanto monitoriza continuamente os eixos através do feedback dos sensores ou codificadores. Processa esta informação em tempo real para gerar comandos de controlo baseados no programa CNC.

As principais funções de um gestor de encomendas são as seguintes

- Interpretar o programa CNC.
- Execução de movimentos.
- Processar o feedback das viagens.
- Correção de erros de viagem.
- Gestão de dados e medições.

O diretor de comando desempenha um papel crucial no controlo preciso dos movimentos da máquina, assegurando uma estreita coordenação entre as acções dos servomotores e os comandos do programa CNC. Isto garante que as operações de maquinagem são realizadas de forma eficiente e precisa, contribuindo para a qualidade e fiabilidade do processo de fabrico mecânico.

<u>**Interpolações lineares :**</u>

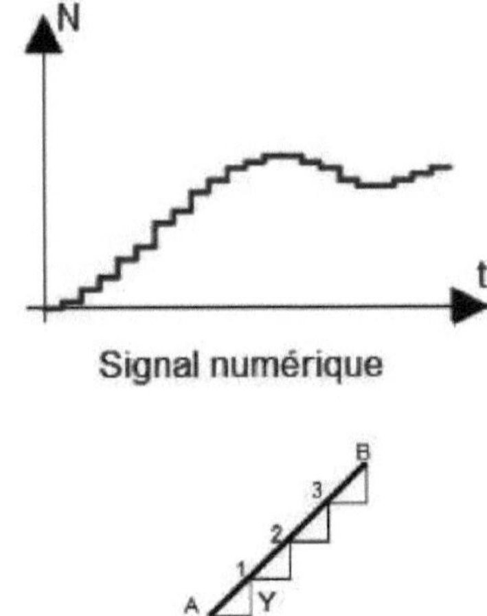

Figura 2: Interpolação linear

O deslocamento baseia-se na interpolação e na aproximação.

<u>**Interpolação circular :**</u>

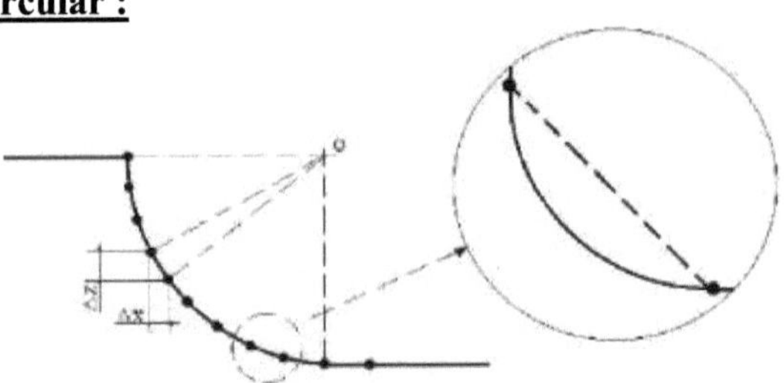

Figura 3: Interpolação circular

Um deslocamento circular é o resultado da combinação de duas interpolações lineares.

<u>**Processo de mudança :**</u>

A deslocação dos carros faz-se em três fases:

- Da posição inicial até **t1**: a velocidade aumenta gradualmente de "Zero" até à velocidade máxima.

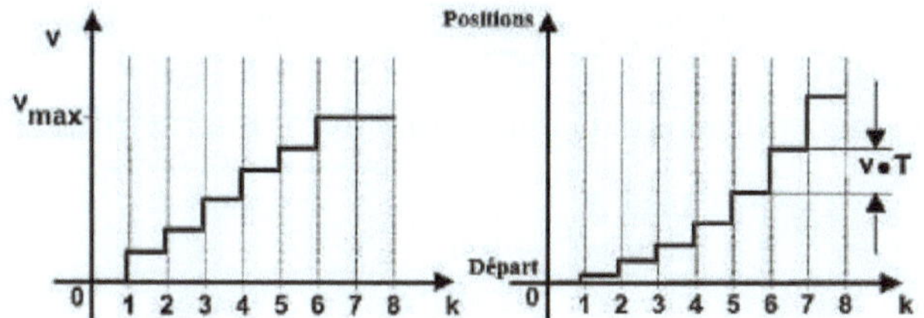

-   De **t1** a **t2**: as carruagens deslocam-se à velocidade máxima.

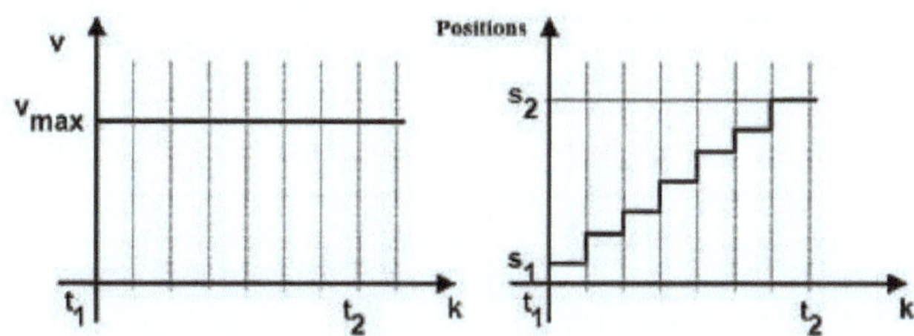

-   De **t2** até à posição a atingir (**t3**): a velocidade diminui até atingir o valor "Zero".

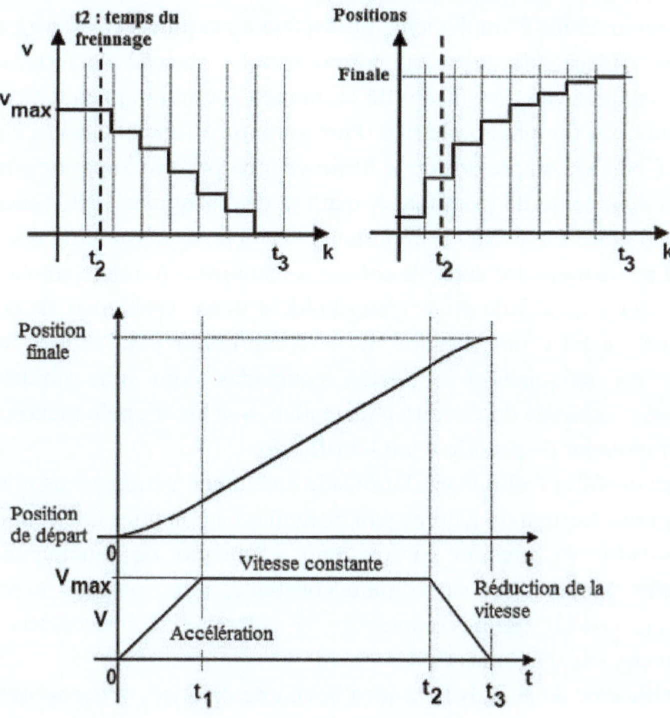

9

1.5.5 Autocarros

Os barramentos são utilizados para transmitir e trocar informações.

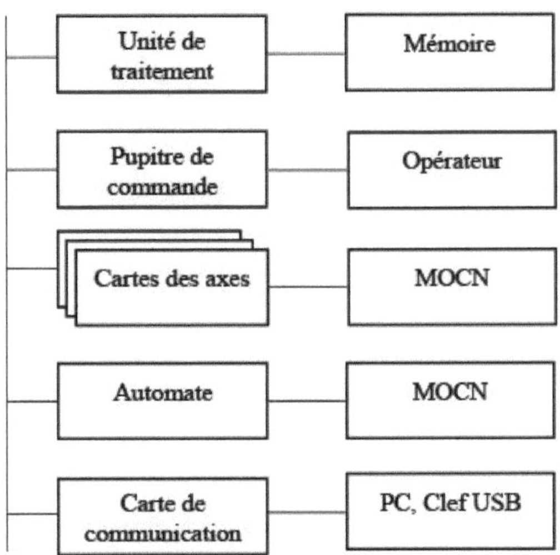

1.5.6 Sistema de alimentação pneumático

A energia pneumática é amplamente utilizada em máquinas CNC para a troca de ferramentas, fixação de peças em tornos CNC e fixação de ferramentas em centros de maquinação. Por razões de segurança, o circuito pneumático deve ser mantido afastado do quadro elétrico. Para garantir o funcionamento correto das máquinas CNC, o compressor deve fornecer uma pressão superior à necessária para o funcionamento da máquina. A maioria das máquinas CNC funciona com uma pressão entre 6 e 8 bar. É importante verificar se existe uma reserva de ar disponível no acumulador antes de colocar a máquina em funcionamento.

Para preservar a qualidade do ar comprimido e evitar problemas de corrosão, é aconselhável instalar um secador de ar comprimido para reduzir o teor de humidade. As máquinas CNC estão equipadas com uma unidade de ar condicionado à entrada do circuito pneumático, que inclui, pelo menos, um filtro de ar, um regulador de pressão e um lubrificador.

- O papel do filtro é eliminar a humidade e recolher as impurezas presentes no ar comprimido, facilitando a drenagem manual ou automática dos condensados.

- O regulador de pressão garante que a pressão de funcionamento dos componentes pneumáticos se mantém constante, uma vez que a pressão de alimentação criada pelo compressor é superior à necessária para o funcionamento das máquinas CNC.

- O lubrificador de ar pulveriza uma névoa de óleo que é transportada por ar comprimido para lubrificar os cilindros e os distribuidores.

Os distribuidores nas máquinas CNC desempenham um papel essencial como ligação entre o PLC e os actuadores. Comutam a direção do fluxo de ar comprimido para acionar os cilindros e as pinças, assegurando um funcionamento preciso e eficiente dos movimentos no processo de maquinação.

1.5.7 Sistema de lubrificação

A lubrificação é um fator fundamental para o bom funcionamento dos centros de maquinagem. Este sistema é geralmente constituído por um reservatório de óleo, um filtro, uma bomba, uma válvula anti-retorno e um tubo de distribuição. A sua principal função é reduzir a fricção e o desgaste das peças móveis, tais como porcas de parafusos, rolamentos, casquilhos, corrediças, etc.

Nas máquinas CNC, a lubrificação é efectuada de forma contínua e automática, garantindo o bom funcionamento e o aumento da durabilidade dos componentes mecânicos. Uma vez lubrificados os componentes, o óleo é devolvido ao reservatório, onde é filtrado para remover quaisquer impurezas que possam prejudicar o sistema de lubrificação. Este processo garante que o óleo permanece limpo e eficaz para proteger as peças móveis e garantir uma maquinação de alta qualidade.

1.5.8 Sistema de transmissão de movimentos

Este sistema é essencial para assegurar um movimento preciso e eficiente da mesa ou dos carros nas máquinas CNC. Para responder a estas exigências de precisão, os fabricantes utilizam frequentemente um sistema de fuso de esferas, conhecido pela sua capacidade de reduzir a fricção e facilitar a transmissão de potências elevadas.

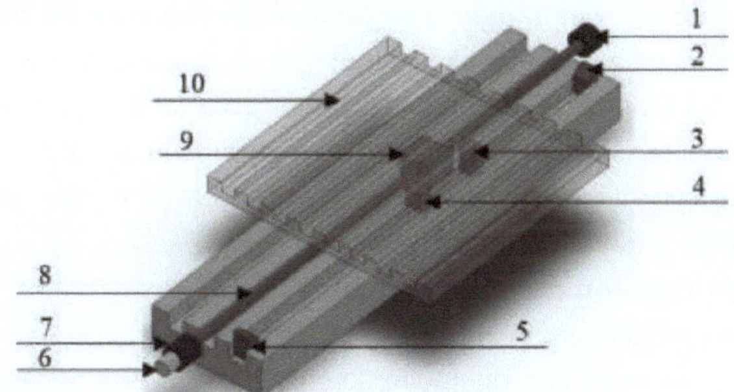

Figura 5: Controlo do eixo X num centro de maquinação CNC

1   :   Codificador

2   :   Limite de paragem

X+

3   Interruptor de fim de curso X+

4   Interruptor de fim de curso X

5   Limite de paragem X

6   Dínamo
tacométrico

7   Motor elétrico

8   Parafusos de esferas

9   : Nozes

10 : Mesa

Os principais componentes de um sistema de movimento do veio são os seguintes:

- Um motor elétrico de corrente contínua ou alternada.

- Um conversor de movimento que transforma o movimento de rotação do motor em movimento da mesa ou do carro (frequentemente um sistema de fuso de esferas e porca).

- Dois batentes.

- Dois sensores.

- Um codificador.

- Um dínamo tacométrico que mede com precisão a velocidade de rotação.

- Componentes de transmissão de movimento, tais como rolamentos, acoplamentos, etc.

Este sistema garante que o eixo se move de forma precisa e uniforme. O motor elétrico fornece a potência para acionar o movimento, enquanto o conversor de movimento transforma este movimento rotativo em translação linear da mesa ou dos carros. Os batentes e sensores são utilizados para definir os limites dos movimentos dos eixos, garantindo a segurança do processo de maquinação. O encoder e o dínamo tacométrico são elementos de realimentação que permitem medir com precisão a posição e a velocidade do eixo em tempo real. Por fim, os elementos de transmissão de movimento asseguram uma transmissão eficaz e fluida do movimento do motor para a mesa ou para os carros, garantindo um movimento estável e fiável do eixo.

1.5.9 Sistema de rega (ou de arrefecimento)

Tal como nas máquinas convencionais, o sistema de refrigeração é utilizado nas máquinas CNC para facilitar a operação de corte, arrefecer a ferramenta e a peça de trabalho e melhorar a qualidade da maquinagem. A maioria das máquinas CNC está equipada com um sistema de refrigeração de alta pressão, geralmente entre 70 e 80 bar, e até 150 bar se as condições o exigirem.

Este sistema de aspersão é composto por um reservatório, um filtro, uma tela para impedir a entrada de aparas no reservatório, uma ou mais bombas, um tubo de distribuição e bocais de aspersão.

Em geral, as máquinas CNC estão equipadas com dois sistemas de refrigeração: um sistema externo que utiliza mangueiras e um sistema interno. O sistema de refrigeração interno está localizado no centro do fuso nas fresadoras e na ferramenta nos tornos.

A utilização de dois sistemas de refrigeração assegura um fornecimento eficiente de líquido de refrigeração, adaptado às necessidades específicas de cada tipo de máquina e processo de maquinação. Isto assegura uma evacuação óptima das aparas, um arrefecimento adequado da ferramenta e da peça de trabalho e, consequentemente, uma melhor qualidade global de maquinação em máquinas CNC.

1.5.10 Sistema de evacuação de aparas

As máquinas CNC estão equipadas com um sistema automático de evacuação de resíduos, que evita a acumulação de limalhas à volta da ferramenta e da peça. Este sistema ajuda a reduzir o tempo necessário para limpar a máquina manualmente.

Os construtores de máquinas CNC utilizam vários tipos de transportadores para evacuar os resíduos. Entre os mais comuns estão os transportadores de parafuso, os transportadores de corrente, os transportadores de placa magnética e os transportadores de raspadores.

Cada tipo de transportador tem as suas próprias vantagens, em função das necessidades específicas de maquinagem. Os transportadores de parafuso são valorizados pela sua capacidade de transportar grandes quantidades de limalha a longas distâncias. Os transportadores de corrente ou de placa magnética são frequentemente utilizados para evacuar aparas metálicas, enquanto os transportadores de raspadores são eficazes para aparas mais curtas e leves.

Graças a este sistema automático de evacuação de resíduos, as máquinas CNC podem funcionar continuamente sem interrupção para limpeza, melhorando a produtividade e a eficiência global do processo de maquinagem.

1.5.11 Sistema de troca de ferramentas

A produção de peças mecânicas em máquinas CNC requer a utilização de várias ferramentas de corte. Para melhorar a produtividade e otimizar o processo de maquinação, as máquinas CNC estão equipadas com um sistema de troca automática de ferramentas.

Na fase de preparação, as ferramentas necessárias para a maquinação são definidas e preparadas. Elas são então inseridas no magazine de ferramentas da máquina. Os centros de maquinação são frequentemente caracterizados pelo grande número de posições disponíveis nos seus armazéns de ferramentas. Esta capacidade extensiva permite que as máquinas CNC mudem as ferramentas rápida e automaticamente durante o processo de maquinação, sem necessidade de intervenção manual.

Este sistema de troca automática de ferramentas oferece uma série de vantagens, tais como a redução do tempo de paragem para a troca de ferramentas, uma maior flexibilidade de produção e a capacidade de maquinar peças complexas com uma grande variedade de ferramentas, mantendo uma elevada eficiência. Graças a esta funcionalidade, as máquinas CNC são capazes de realizar operações de maquinação mais sofisticadas e otimizar a produção de peças mecânicas com maior produtividade.

1.5.12 Sistema de maquinagem

O sistema de maquinagem é responsável pela execução da função principal da máquina CNC. É composto por um ou mais fusos, um porta-ferramentas e um porta-peças.

Nos tornos CNC, a peça de trabalho é fixada ao fuso por mandíbulas. A rotação da peça combinada com o avanço da ferramenta remove o material. Atualmente, existem tornos CNC com um único fuso, dois fusos ou vários fusos, permitindo a maquinação simultânea de um conjunto de peças. O fuso secundário pode ser utilizado para rodar a peça, facilitando a passagem à fase seguinte. A peça é então automaticamente colocada no fuso secundário (no sentido oposto) para outras operações de maquinação, optimizando a eficiência do processo.

Na fresagem CNC, a peça de trabalho é fixada na mesa no suporte da peça de trabalho (torno, mesa de indexação, dispositivos especiais, etc.), enquanto a ferramenta é fixada no fuso. A rotação e o avanço da ferramenta em conjunto com o movimento da peça removem o material.

Os centros de maquinação CNC combinam os processos de torneamento e fresagem, tornando possível o fabrico de peças complexas com uma variedade de formas.

O fuso é o elemento-chave do sistema de maquinagem, uma vez que gera o movimento de corte. É montado numa ligação pivotante em relação à estrutura da máquina. Para garantir a precisão da maquinação, o fuso deve ser estável e equilibrado dinamicamente. Na maioria dos casos, a ligação pivotante é assegurada por rolamentos de esferas de cerâmica, embora algumas máquinas utilizem rolamentos hidrostáticos, hidrodinâmicos ou magnéticos.

Nas fresadoras CNC, a velocidade de rotação do fuso pode atingir as 25.000 rpm. Estas fresadoras estão frequentemente equipadas com motores AC assíncronos de alta frequência, que são controlados digitalmente. Por outro lado, os fusos de baixa velocidade utilizam geralmente motores de corrente contínua. Esta diversidade de configurações permite às máquinas CNC maquinar diferentes materiais e adaptar-se a uma vasta gama de requisitos de maquinação.

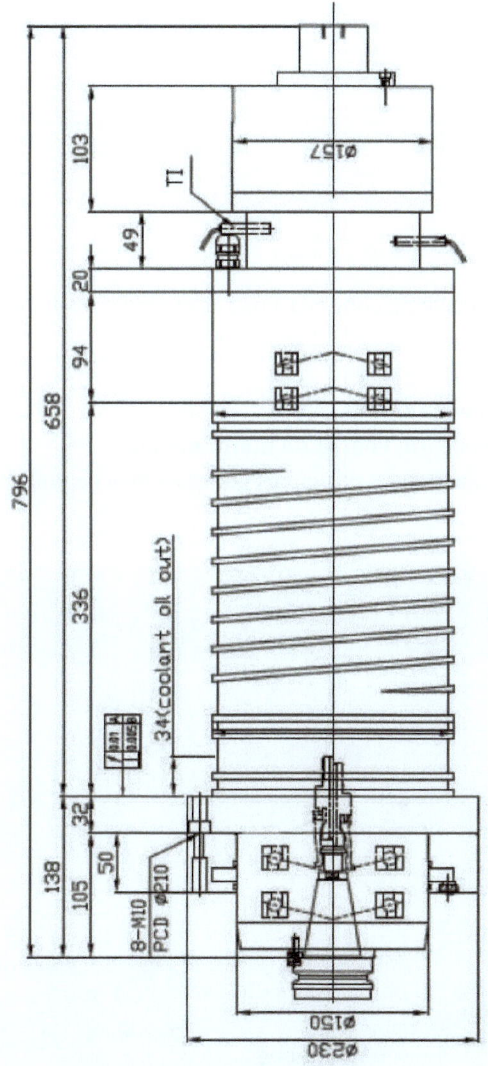

Figura 6. Fuso do centro de maquinação SPINNER[1]

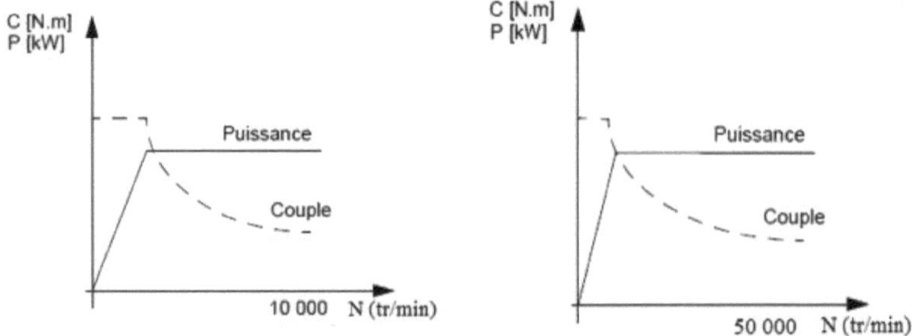

Fuso com motor de corrente contínua Fuso com motor assíncrono de alta frequência

1.6 Componentes de máquinas CNC
1.6.1 Componentes de um centro de maquinagem

As figuras abaixo mostram os principais componentes de uma máquina CNC.

[1] Manual da máquina

[1] Manual da máquina SPINNER

Armário elétrico
Ecrã
Secretária
Sistema de evacuação de aparas
Porta

Suporte de ferramentas

7 : Ferramenta
8 : Parte
9 : Torno de bancada (suporte da peça de trabalho)
10 : Mesa
11 Revista de ferramentas
12 Braço de troca de ferramentas

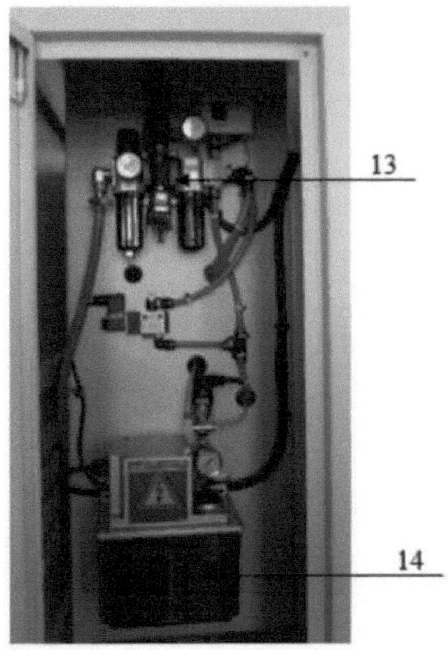

13   Circuito pneumático
14   Circuito hidráulico

Figura 7. Exemplo de um centro de maquinação SPINNER MVC 100

15 Controlador Lógico Programável
1.6.2 Componentes de um torno CNC

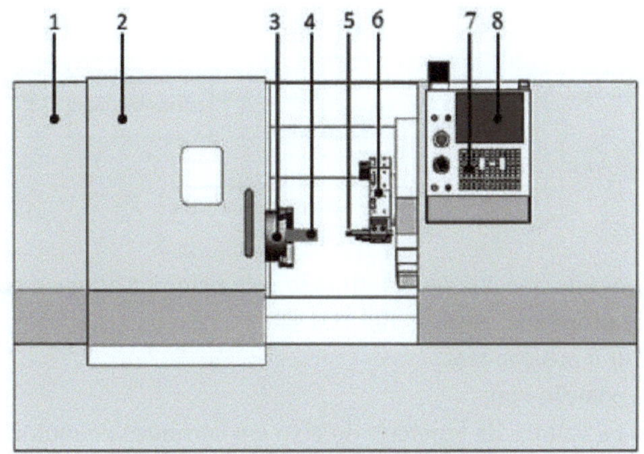

Figura 8. Exemplo de um torno CNC

1 : Bâti
2 : Porta
3 : Fuso
4 : Parte
5 : Ferramenta
6   Loja de   ferramentas de   torreta
7 : Pupitre
8 : Ecrã

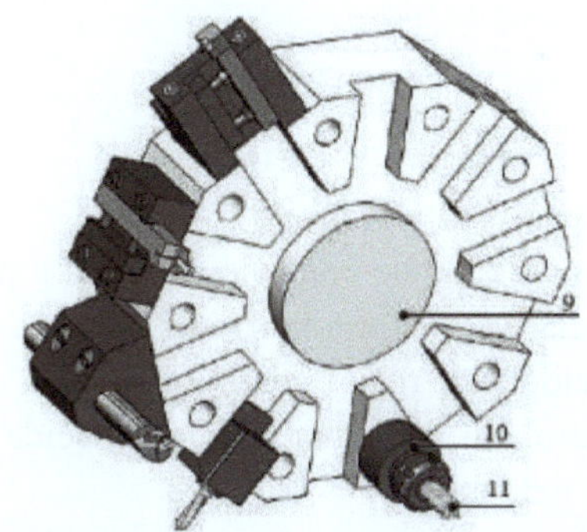

Figura 9. Magazine de ferramentas num torno CNC

9   Torreta
10 Suporte de ferramentas
11 Ferramenta

1.7 Servo-controlo MOCN

1.7.1 Controlo de posição

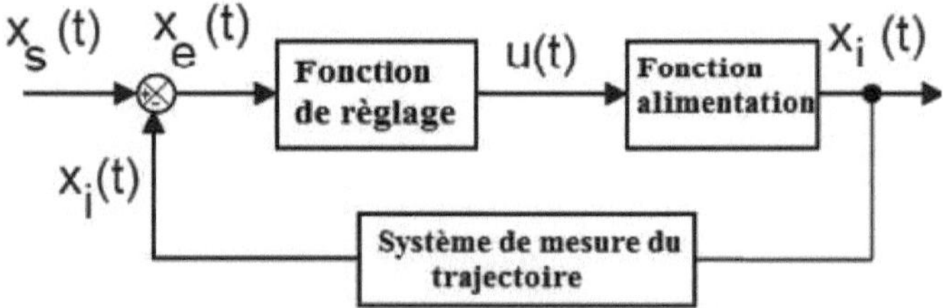

Este sistema garante que o ponto controlado pela máquina atinge a posição solicitada pelo programa. As suas funções são :

- Monitorizar a posição real.
- Corrigir a posição real.
- Converter os valores da trajetória do eixo em correntes do motor.

1.7.2 Funcionamento em circuito aberto

Num circuito aberto, a unidade de controlo move os carrinhos sem qualquer feedback sobre a sua posição real.

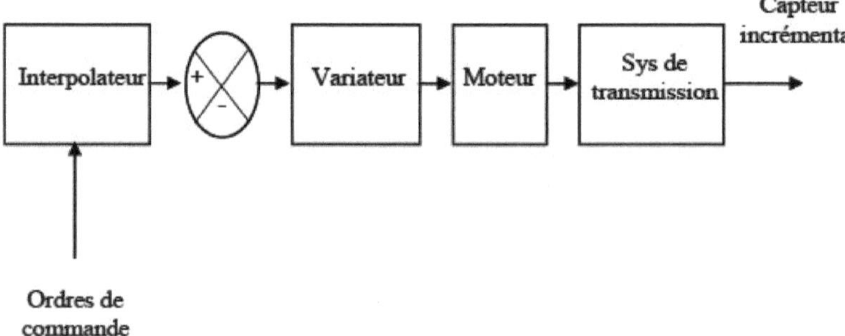

1.7.3 Funcionamento em circuito fechado

Num circuito fechado, a unidade de controlo controla a posição e a velocidade até que o ponto de regulação de entrada (o comando) e o ponto de regulação medido (a posição e a velocidade reais) sejam iguais.

A posição do ponto controlado pela máquina é conhecida através do cálculo do número de passos dados pelo motor.

As velocidades de deslocamento e de rotação são determinadas a partir do número de passos e do período. Em função da posição e da velocidade pretendidas, a UCE aumenta ou diminui a corrente enviada para os motores.

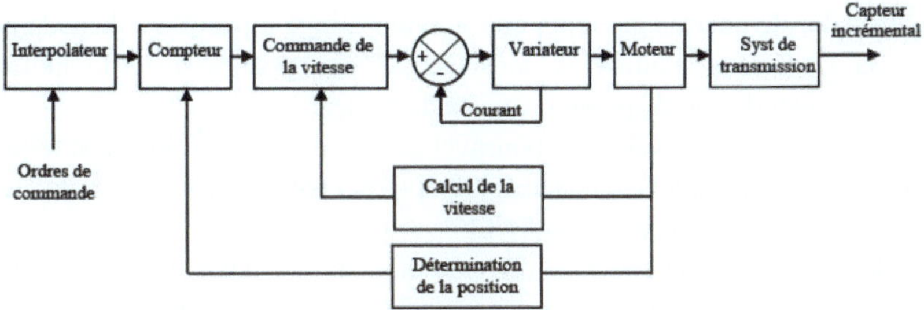

1.7.4 Funcionamento com controlo adaptativo

As máquinas CNC estão em constante evolução para obterem a melhor qualidade possível nas peças que fabricam. Atualmente, a maioria dos parâmetros que influenciam a maquinagem são monitorizados. As máquinas CNC estão equipadas com sensores que medem continuamente o binário, a vibração, o deslizamento, a pressão, o desgaste, a temperatura, etc. Os valores medidos são processados por um diretor de controlo adaptativo.

O gestor de controlo da máquina ajusta regularmente os parâmetros da máquina para garantir as condições de trabalho adequadas para o operador, a máquina e a ferramenta. Graças a esta monitorização e ajuste constante dos parâmetros, as máquinas CNC são capazes de se auto-regular e otimizar o desempenho da maquinação, o que, por sua vez, melhora a qualidade das peças produzidas e aumenta a eficiência da produção. Isto também garante uma maior durabilidade da ferramenta e da máquina, bem como uma maior segurança do operador.

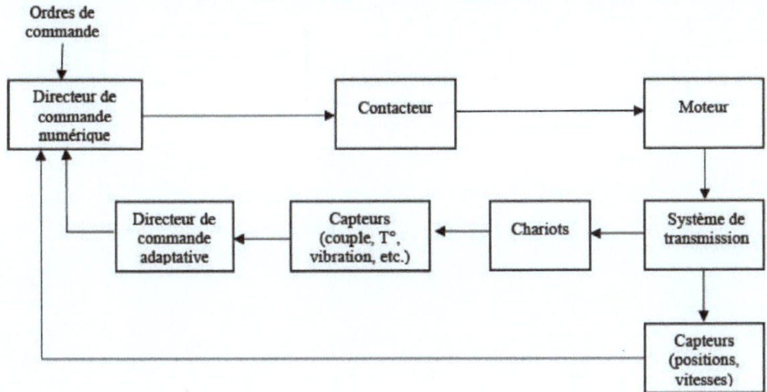

1.7.5 Controlo do motor

O controlo dos motores nas máquinas CNC é essencial para garantir uma maquinação precisa e eficiente. Para o conseguir, os motores são controlados por vários controladores especializados:

O controlador de posição assegura que o motor atinge a posição solicitada pelo programa CNC. Ele monitoriza constantemente a posição real do motor e corrige qualquer desvio do ponto de ajuste da posição.

O controlador de velocidade é responsável pelo controlo da velocidade a que o motor se move. Ajusta a velocidade em tempo real para atingir o ponto de ajuste de velocidade dado pelo programa CNC.

O regulador de corrente regula a corrente enviada ao motor. Controla a força exercida pelo motor e, por conseguinte, a potência de maquinagem.

As medições reais da posição, velocidade e corrente são obtidas através de sensores colocados nos eixos do motor. Estas medições são depois utilizadas pelos controladores para efetuar as correcções necessárias e assegurar um funcionamento ótimo da máquina.

Os pontos de referência, também conhecidos como interpolação final, são as instruções dadas ao controlador para definir as trajectórias dos eixos. Estes pontos de referência determinam o movimento global da máquina e baseiam-se nos comandos do programa CNC. Graças a estes pontos de referência, a máquina pode efetuar maquinações complexas com grande precisão e eficácia.

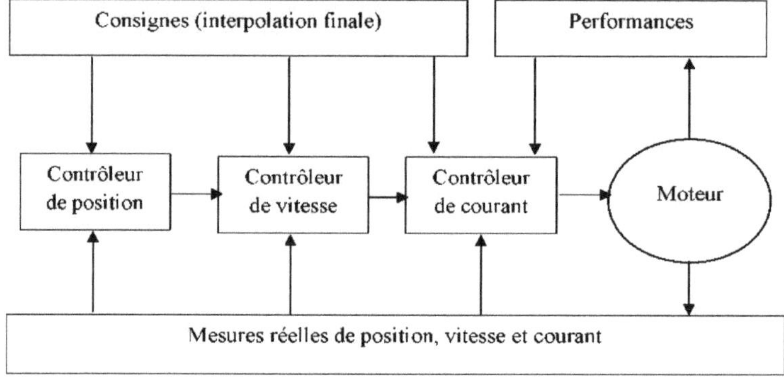

Tabela 1. Controlo de motores CC

Controlo de tensão	Atualmente controlado
Commandé en tension	**Commandé en courant**
$U_A(t) = R_A \cdot i(t) + L_A \frac{di(t)}{dt} + U_E(t)$ (Eq.1) Couple d'entraînement $M(t) = K_M \cdot i(t)$ (Eq.2) Couple d'accélération $J\frac{d\omega(t)}{dt} = M(t) - M_L(t)$ (Eq.3)	$U_A(t) = R_A \cdot i(t) + L_A \frac{di(t)}{dt} + U_E(t)$ (Eq.4) Couple d'entraînement $M(t) = K_M \cdot i(t)$ (Eq.5) Couple d'accélération $J\frac{d\omega(t)}{dt} = M(t) - C_R\,\omega(t)$ (Eq.6)

<u>Erro de controlo</u>

Os erros de controlo podem ocorrer por várias razões, tais como interferências electromagnéticas, falhas de hardware, problemas de comunicação entre componentes do sistema ou erros de programação do controlador.

Quando ocorre um erro de controlo, este pode conduzir a defeitos nas peças maquinadas, a desvios das dimensões e especificações exigidas e até a paragens da máquina para evitar danos adicionais.

Para minimizar os erros de controlo do motor, os fabricantes de máquinas CNC estão a implementar mecanismos de monitorização e redundância, sistemas de diagnóstico avançados e dispositivos de segurança para parar a máquina se forem detectadas anomalias.

Os operadores de máquinas CNC devem igualmente ser formados para detetar e reagir a eventuais erros de controlo, efectuando controlos regulares, controlando os indicadores e aplicando os procedimentos adequados em caso de problema. Apesar das precauções tomadas, é importante compreender que podem ocorrer erros de controlo e que é crucial implementar medidas para os prevenir e gerir eficazmente para garantir uma maquinação de alta qualidade e uma produção sem problemas.

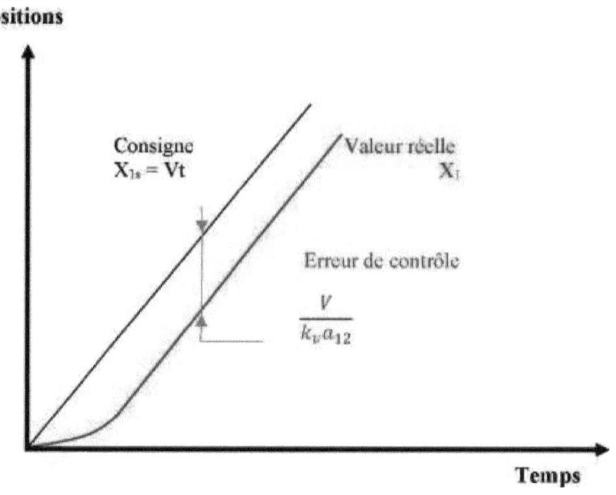

<u>**Circuito de controlo do motor CC (controlado por corrente) :**</u>

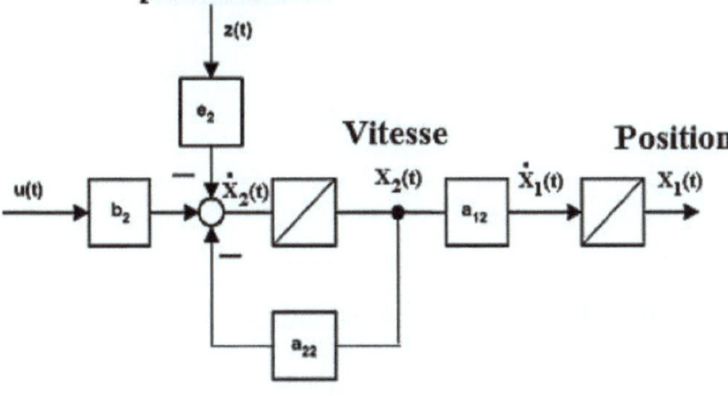

$$\dot{X}(t) = A \cdot X(t) + b \cdot u(t) + e \cdot z(t)$$

(Eq.7)

Avec :

$$a_{12} = \frac{\omega_0}{\varphi_0}$$

$$a_{22} = \frac{C_R}{J}$$

$$b_2 = \frac{k_m \cdot i_0}{\omega_0 \cdot J}$$

$$e_2 = \frac{m_0}{\omega_0 \cdot J}$$

<u>**Circuito de controlo do motor CC com controlador de velocidade :**</u>

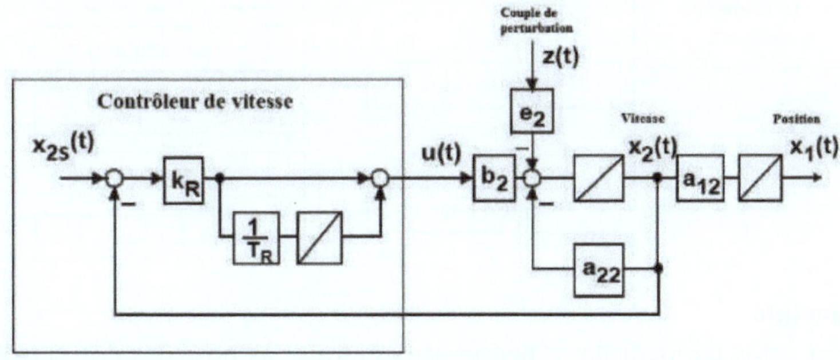

<u>**Malha de controlo para um motor DC com um**</u>
<u>**e um controlador de posição :**</u>

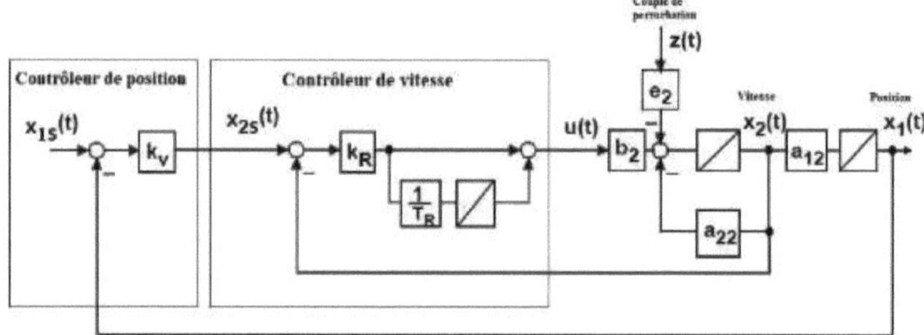

Controlador digital de posição e velocidade :

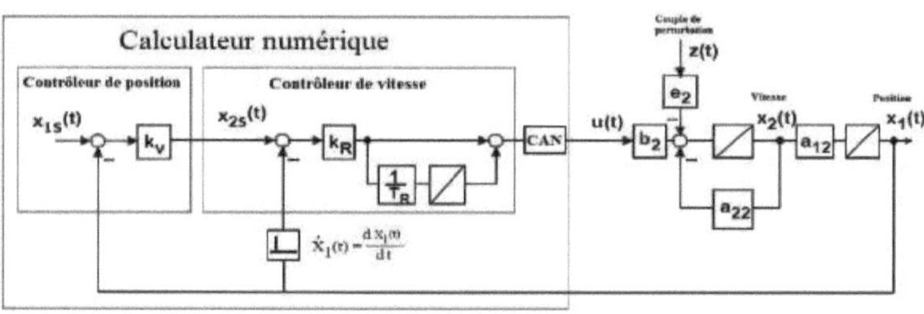

1.8 Medição de trajectórias

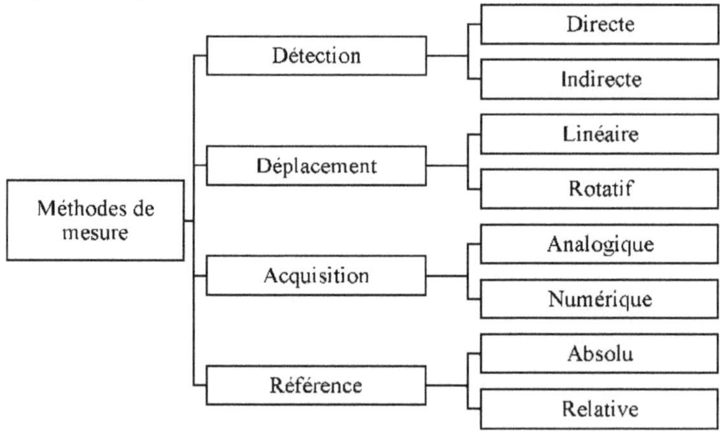

1.8.1 Princípio

Para evitar erros de medição, é necessário controlar as posições dos carros em tempo real. Cada eixo (linear ou rotativo) está equipado com um ou mais sensores chamados encoders. Os codificadores desempenham um papel crucial na determinação da posição exacta dos carros.

Um codificador é geralmente constituído por um transístor polarizado por um LED que emite luz. Esta luz é direccionada para outro transístor. Se o segundo transístor receber luz, fecha-se, actuando como um interrutor fechado. Por outro lado, se não receber luz, permanece bloqueado, actuando como um interrutor aberto.

A parte de controlo da máquina CNC determina a posição contando o número de sinais recebidos pelo codificador. Ao medir o número de sinais enviados e recebidos pelo codificador, o controlador pode calcular a posição atual do eixo com um elevado grau de precisão.

Ao monitorizar as posições dos carros em tempo real através de codificadores, a máquina CNC pode corrigir qualquer desvio do percurso programado, assegurando uma maquinação precisa de acordo com as especificações exigidas. Esta abordagem evita erros de medição e garante uma qualidade óptima na produção de peças mecânicas.

Figura 10. Codificador

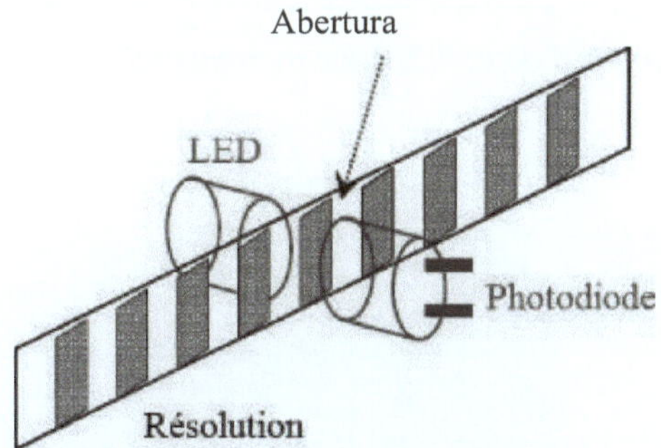

Figura 11. Princípio de funcionamento de um codificador

1.8.2 Medição incremental

Um codificador incremental (relativo) envia um conjunto de impulsos para cada rotação do motor e o número de impulsos é depois convertido num valor de deslocamento (linear ou angular). Este valor medido é então adicionado ao valor anterior para registar o movimento do eixo.

As máquinas-ferramentas de controlo numérico equipadas com estes encoders requerem um procedimento inicial de definição de referência após cada arranque. Este procedimento define uma posição de referência a partir da qual os movimentos são medidos e controlados.

A maioria destes codificadores tem duas filas de aberturas, chamadas "A" e "B", que estão 90 graus desfasadas. Esta mudança de fase facilita a determinação da direção do movimento do eixo. Quando o eixo se move numa direção, os impulsos "A" e "B" são deslocados, permitindo ao controlador determinar a direção do movimento.

O codificador também inclui um segmento marcado com "Z", que é utilizado para determinar o número de rotações completas efectuadas pelo eixo. Este segmento fornece um impulso específico para cada rotação completa do motor, permitindo ao controlador registar o número total de rotações efectuadas.

Graças à informação fornecida pelo codificador, o controlador da máquina CNC pode monitorizar a posição do eixo em tempo real e fazer as correcções necessárias para atingir com precisão o caminho programado, garantindo uma maquinação fiável e de alta qualidade.

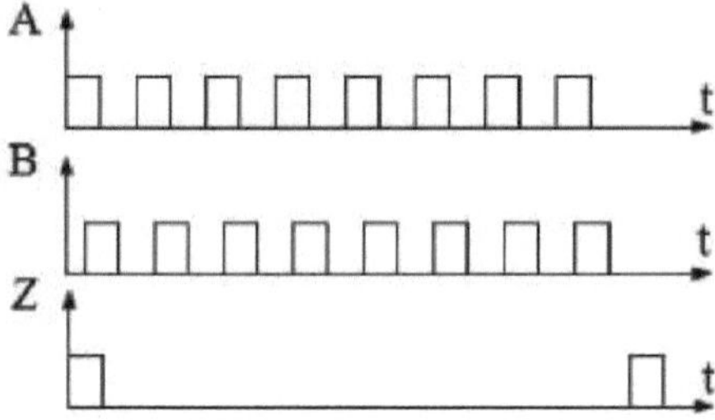

Figura 12. Linha temporal do codificador incremental

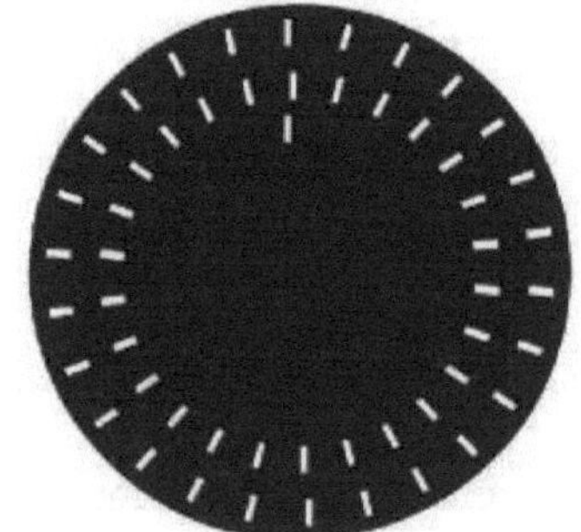

Figura 13. Codificador incremental

1.8.3 Medição absoluta

Atualmente, as máquinas de controlo numérico (NCMs) estão cada vez mais equipadas com codificadores absolutos. Um codificador absoluto pode determinar as coordenadas exactas do ponto controlado pela máquina em qualquer momento, mesmo após a ligação. As máquinas NC que utilizam este tipo de codificador não necessitam de um procedimento de referenciação após o arranque, uma vez que o codificador absoluto fornece imediatamente a posição atual do eixo.

O codificador absoluto utiliza um disco com filas de aberturas (n bits). Cada fila tem a sua própria distribuição de aberturas e, em cada posição do disco, fornece um código binário específico que representa a posição exacta do eixo.

Estes codificadores absolutos requerem um elevado número de bits para codificar todas as posições possíveis do eixo, uma vez que cada fila de aberturas corresponde a uma parte específica da posição. Isto significa que podem ser mais caros e requerem mais energia para codificar e processar os dados.

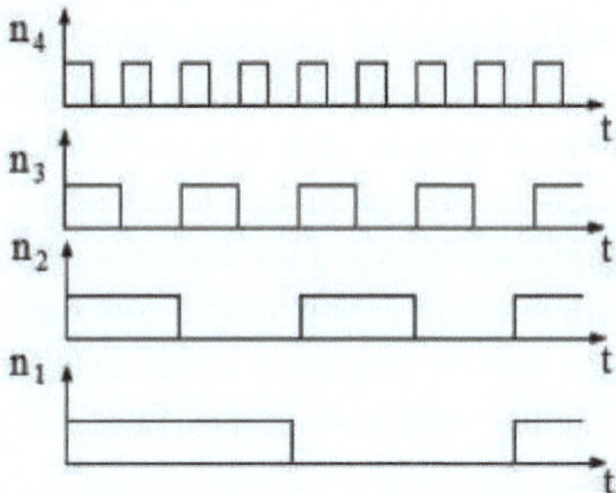

Figura 14. Cronograma de um codificador absoluto

No entanto, apesar do seu custo e consumo de energia mais elevados, os codificadores absolutos oferecem a vantagem de fornecer uma medição exacta e instantânea da posição do eixo, eliminando a necessidade de um procedimento de referência e facilitando a retoma do trabalho após uma paragem ou corte de energia. Estas características fazem dos encoders absolutos a escolha preferida para muitas aplicações em que a precisão e a fiabilidade são essenciais na maquinagem e na produção industrial.

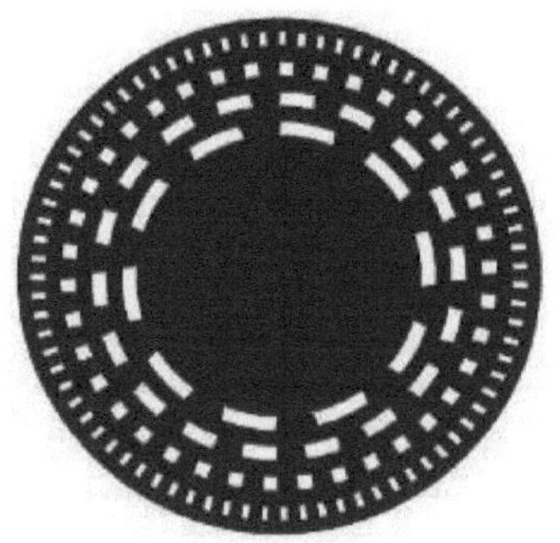

1.9 Os motores

1.9.1 Motores passo a passo

Os motores passo a passo são dispositivos que transformam impulsos de controlo elétrico em rotação, dando um número específico de passos com cada sinal. Caracterizam-se pela sua resolução, ou seja, o número de passos que dão por rotação completa. Esta resolução tem um impacto direto na precisão da máquina CNC e, consequentemente, na qualidade das peças fabricadas.

No entanto, os motores de passo têm algumas desvantagens:

- São relativamente ineficientes em comparação com outros tipos de motores.

- Para obter movimentos suaves, requerem a utilização da técnica de "micro-passo", que consiste em efetuar subdivisões mais finas dos passos. Isto melhora a fluidez dos movimentos.

- A sua capacidade de aceleração não é tão rápida como a de outros tipos de motores, o que pode limitar a velocidade e a eficiência das operações de maquinagem.

Existem três tipos principais de motores passo a passo:

- Motores de ímanes permanentes: Estes motores têm um íman permanente para criar o campo magnético e impulsionar o movimento.

- Motores de relutância variável: Funcionam através da variação da relutância (resistência magnética) no estator.

- Motores híbridos: Estes motores combinam as características dos motores de ímanes permanentes e dos motores de relutância variável, oferecendo um melhor desempenho.

Apesar das suas desvantagens, os motores de passo continuam a ser amplamente utilizados em máquinas CNC devido ao seu custo relativamente baixo, simplicidade e precisão suficiente para muitas aplicações. No entanto, em determinadas aplicações que exigem elevada velocidade e potência, podem ser preferidos outros tipos de motores, como os motores de corrente contínua ou os motores de corrente alternada.

Figura 16. Motor passo a passo para máquina CNC

1.9.2 Servomotores

Os servomotores AC estão a tornar-se cada vez mais populares nas máquinas CNC. Estes motores funcionam em circuito fechado, o que significa que a sua posição é continuamente verificada e corrigida de acordo com os valores medidos. Este feedback assegura uma elevada precisão e fiabilidade na maquinação.

Os servomotores utilizados em máquinas CNC são geralmente controlados por um conjunto de comandos que fluem através de um bus digital. Ao contrário dos impulsos analógicos utilizados em alguns outros tipos de motores, os servomotores utilizam o servo controlo digital. Isto permite um controlo mais preciso e reativo da posição e velocidade do motor, resultando numa melhor qualidade de maquinação.

Os servomotores são conhecidos pela sua elevada eficiência e rápida aceleração. São capazes de arrancar e parar rapidamente, o que reduz os tempos de ciclo e melhora a produtividade da máquina CNC.

Graças ao seu feedback contínuo e ao servo controlo digital, os servomotores oferecem uma solução de alto desempenho para aplicações que requerem uma elevada precisão e uma resposta rápida às mudanças nas condições de corte. A sua utilização ajuda a melhorar a qualidade das peças produzidas e a aumentar a eficiência global das máquinas CNC.

As desvantagens são :

- Mais caros do que os motores de passo.
- Mais complicado de utilizar.
- Degradam-se rapidamente devido ao sobreaquecimento e à sobrecarga.
- Requerem mais manutenção.

São constituídos por :

- Um motor de corrente contínua.
- Um redutor de velocidade.
- Um potenciómetro para gerar uma corrente variável.

-    Um dispositivo de servo-controlo.

Figura 17. Servomotor para máquina NC

1.10 Accionamentos de velocidade variável

Os variadores de velocidade são dispositivos electrónicos utilizados para regular a velocidade dos motores eléctricos. Na maioria das máquinas com controlo numérico (CNC), os variadores de velocidade podem ser controlados de duas formas: manualmente, utilizando potenciómetros (um para a velocidade de avanço do carro e outro para a velocidade do fuso), ou pelo próprio programa de maquinação.

Para ajustar a velocidade de um motor elétrico, os variadores de velocidade actuam sobre dois parâmetros: a tensão de alimentação da armadura ou o fluxo produzido pelos indutores.

Quando a tensão é variada com um fluxo constante, o binário do motor permanece num valor constante enquanto a potência gerada pode ser aumentada ou reduzida. A velocidade de rotação varia então proporcionalmente à potência.

Por outro lado, quando o fluxo é modificado com uma tensão constante, isto leva a uma variação no binário do motor.

As novas gerações de máquinas CNC utilizam motores AC síncronos e assíncronos, combinados com inversores de frequência que utilizam modulação por largura de impulso (PWM) e transístores bipolares de porta isolada. Estas tecnologias permitem um controlo mais preciso da velocidade e da potência do motor, ajudando a melhorar o desempenho global das máquinas CNC. Ao utilizar variadores de frequência, as máquinas CNC podem adaptar-se eficazmente a diferentes necessidades de maquinação e otimizar a produtividade, mantendo uma elevada precisão nas operações de maquinação.

Figura 18. Acionamento de velocidade variável

Características :

> Velocidade do campo rotativo :

$$n_s = \frac{s}{p} \qquad \text{(Eq.8)}$$

ns : Velocidade do campo rotativo (sincronismo) em rpm.
f: Frequência em Hz.
P: Número de pares de pólos, sem unidade.

> Frequência de rotação

$$n = n_s\,(\,1 - g\,) \qquad \text{(Eq.9)}$$

Em que **g** é o deslizamento

$$n = \frac{(n_s - n)}{n_s} \qquad \text{(Eq.10)}$$

$$n = \frac{f}{p(1-g)} \qquad \text{(Eq.11)}$$

A solução tecnológica para o controlo da velocidade dos motores das máquinas CNC é a utilização de conversores de frequência. Estes dispositivos permitem variar a frequência da corrente eléctrica fornecida ao motor, o que influencia diretamente a sua velocidade de rotação.

Os conversores de frequência permitem ajustar a frequência da corrente fornecida ao motor numa gama que vai de 0 Hz (paragem total) à frequência correspondente à velocidade nominal do motor (por exemplo, 50 Hz para um motor utilizado numa região onde a frequência da corrente eléctrica é de 50 Hz). Esta capacidade de variar a frequência da corrente permite um controlo preciso da velocidade do motor, oferecendo uma grande flexibilidade nas operações de maquinagem. As máquinas CNC podem ser configuradas para funcionar a diferentes velocidades, consoante as necessidades específicas de cada processo de maquinagem.

Além disso, certos tipos de motores, nomeadamente os motores assíncronos, podem funcionar a velocidades superiores à sua velocidade nominal graças a esta tecnologia de conversores de frequência. Isto permite atingir sobrevelocidades que podem ser úteis em certas aplicações de maquinagem.

Ao utilizar conversores de frequência, as máquinas CNC beneficiam de uma maior adaptabilidade e precisão no controlo da velocidade do motor, o que contribui para melhorar a eficiência e a qualidade da maquinação efectuada.

> Diagrama esquemático

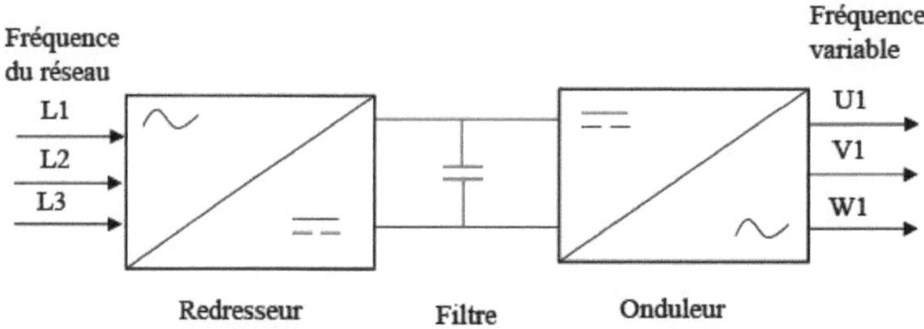

1.11 Sistemas de transmissão de movimentos

Os sistemas mais utilizados para converter o movimento de rotação em movimento linear dos carros são :

- Sistema de fuso de esferas e porca.

Cremalheira e pinhão.

Polias de correia.

Motor linear.

A escolha do sistema de conversão depende das necessidades específicas de cada aplicação e das exigências em termos de precisão, carga, durabilidade e custo. Cada sistema tem as suas vantagens e desvantagens, sendo importante selecionar aquele que melhor responde aos condicionalismos e ao desempenho desejado para as operações de maquinação efectuadas pela máquina CNC. A tabela abaixo compara os sistemas de conversão do movimento rotativo em movimento linear dos carros:

Tabela 2. Sistemas de transmissão de movimentos

	Cremalheira e pinhão	Porca do fuso de esferas	Motor linear
Precisão (mm)	0,01	0,005	0,005
Comprimento máximo de deslocação	Ilimitado	10	Ilimitado

linear (m)			
Custo	Baixa	Elevado	Muito elevado
Utilização preferencial	Máquinas CNC com movimentos lineares longos e cargas elevadas.	Máquinas CNC com percursos lineares mais curtos e cargas médias.	Máquinas CNC que requerem movimentos lineares de alta precisão.

1.11.1 Sistema de fuso de esferas e porca

O sistema de conversão "fuso de esferas" é amplamente utilizado em máquinas CNC devido às suas vantagens em termos de precisão, velocidade e capacidade de carga. Este mecanismo de ligação helicoidal, com esferas interpostas entre o parafuso e a porca, reduz significativamente o atrito em comparação com um sistema convencional de parafuso-porca. A redução do atrito melhora a exatidão dos movimentos lineares, o que é essencial para operações de maquinagem que exijam elevada precisão.

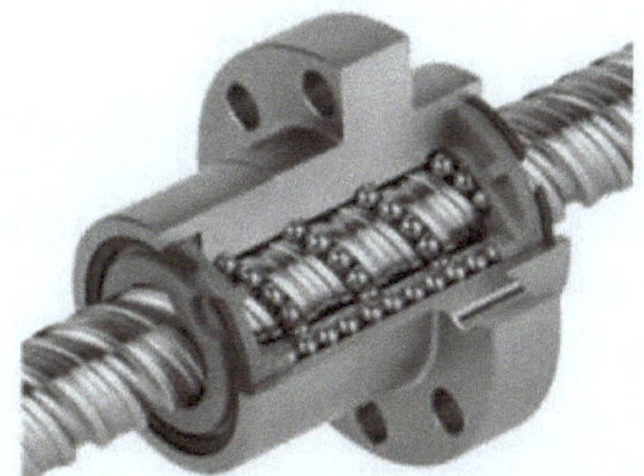

Figura 19. Porca do fuso de esferas

As máquinas-ferramentas de controlo numérico que utilizam o sistema de fuso de esferas oferecem vantagens como movimentos lineares mais rápidos e suaves, melhor repetibilidade dos movimentos, maior rigidez do sistema e menor desgaste dos componentes. Estas características tornam-nas a escolha preferida para aplicações que requerem alta precisão, altas velocidades e cargas pesadas.

Devido ao seu melhor desempenho, o sistema de fuso de esferas é frequentemente preferido em máquinas CNC para garantir uma óptima qualidade de fabrico e uma maior eficiência nos processos de maquinação.

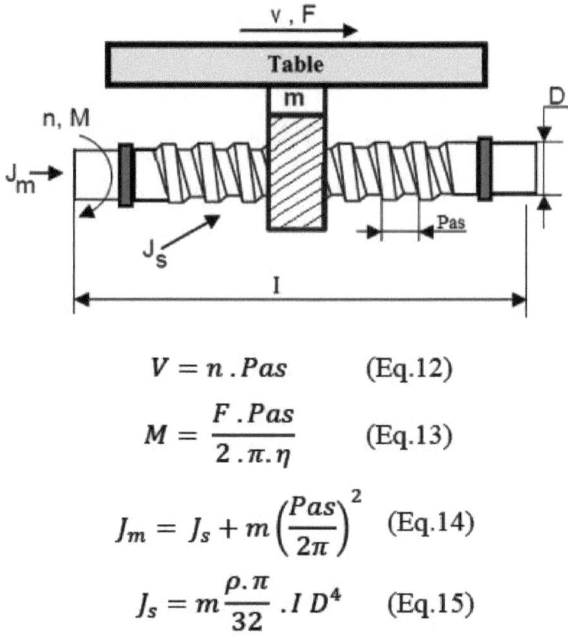

$$V = n \cdot Pas \qquad \text{(Eq.12)}$$

$$M = \frac{F \cdot Pas}{2 \cdot \pi \cdot \eta} \qquad \text{(Eq.13)}$$

$$J_m = J_s + m \left(\frac{Pas}{2\pi}\right)^2 \qquad \text{(Eq.14)}$$

$$J_s = m \frac{\rho \cdot \pi}{32} \cdot I \, D^4 \qquad \text{(Eq.15)}$$

V: Velocidade de deslocação linear da mesa (carro), em m/s.

n: Velocidade do motor, em rpm.

M: Binário do motor, em Nm.

m: Massa da mesa, em Kg.

Js: Momento de inércia do parafuso, em Kg.m2.

Jm: Momento de inércia total, em Kg.m2.

³p: Densidade (aço p = 7850 kg / m).

D: Diâmetro do parafuso, em metros.

I: comprimento do parafuso, em metros.

1.11.2 Sistema de cremalheira e pinhão

Este sistema de "cremalheira e pinhão" é outro mecanismo de conversão utilizado em algumas máquinas CNC. É constituído por uma roda dentada (pinhão) e uma haste com dentes do mesmo módulo (cremalheira). Estes dois elementos engrenam de modo a que a rotação do pinhão provoque um movimento linear da cremalheira sem deslizamento.

Este sistema é utilizado principalmente em máquinas CNC que requerem distâncias de deslocação linear muito longas. A cremalheira funciona como uma "rampa" ao longo da qual o pinhão se desloca, transformando o movimento de rotação do pinhão num movimento linear contínuo da cremalheira.

Embora o sistema de cremalheira e pinhão seja eficaz para movimentos lineares longos, é menos utilizado do que o sistema de parafuso de esferas, uma vez que pode ser menos preciso e tem certas limitações em termos de velocidade e cargas suportadas. Para aplicações que exigem alta precisão em movimentos lineares curtos

Em distâncias maiores, o sistema de parafuso de esferas ainda é geralmente preferido. No entanto, o sistema de cremalheira e pinhão continua a ser uma opção viável e eficaz para máquinas CNC com requisitos específicos para movimentos lineares de longa distância.

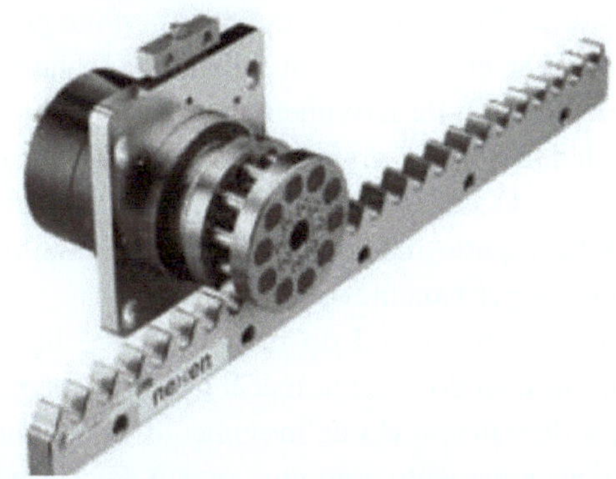

Figura 20. Cremalheira e pinhão

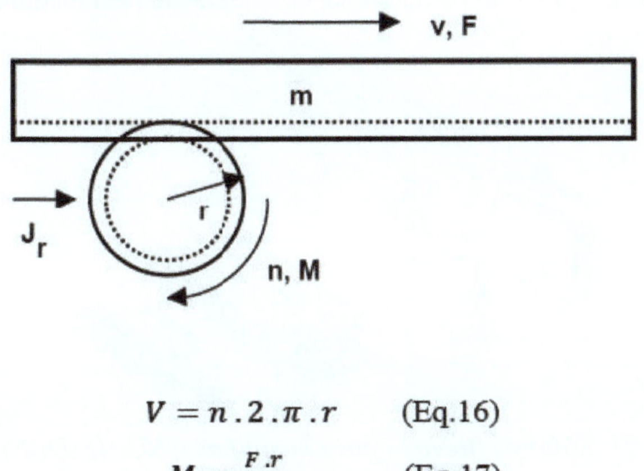

$$V = n \, . \, 2 \, . \, \pi \, . \, r \qquad \text{(Eq.16)}$$

$$M = \frac{F \, . \, r}{\eta} \qquad \text{(Eq.17)}$$

$$J_m = J_r + m . r^2 \qquad \text{(Eq.18)}$$

$$J_s = \frac{\rho . \pi}{32} \, . \, I \, D^4 \qquad \text{(Eq.19)}$$

V: Velocidade de deslocação linear da mesa (carro), em m/s. **n:** Velocidade de rotação do motor, em rpm.

r: Raio da empena, em metros.

M: Binário do motor, em Nm.

m: Massa da mesa, em Kg.

Jr: Momento de inércia da empena, em Kg.m2.

Jm: Momento de inércia total, em Momento Kg.m2. *p*: Densidade (aço *p* = 7850 kg / m3). **D**: Diâmetro do pinhão, em metros.

I: comprimento da empena, em metros.

1.11.3 Motor linear

Os motores lineares são uma variação dos servomotores em que o rotor e o estator estão dispostos de forma plana, o que lhes permite gerar diretamente uma força de translação linear em vez de um movimento rotativo. Ao contrário de outros sistemas de conversão de movimento, os motores lineares não requerem um mecanismo adicional para transformar o movimento de rotação em deslocamento linear. O movimento linear é gerado pela interação electromagnética entre a parte móvel (que consiste em bobinas) e a parte fixa (que consiste em ímanes permanentes).

Nas máquinas CNC, a parte móvel do motor linear é ligada diretamente aos carros da máquina, eliminando a folga mecânica frequentemente associada aos sistemas tradicionais de transmissão de movimento. Esta conceção permite uma maior precisão no posicionamento e no movimento dos carros, o que é essencial para a qualidade e a precisão da maquinagem efectuada pela máquina CNC.

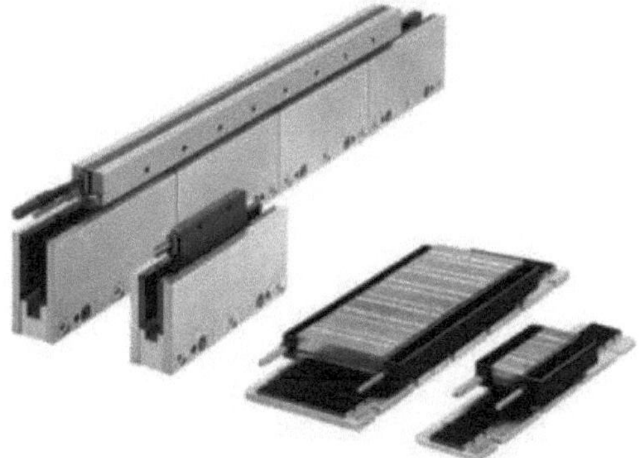

Figura 21. Motores lineares para máquinas CNC HEIDENHAIN

Os motores lineares são particularmente populares nas máquinas CNC devido à sua capacidade de proporcionar um movimento linear rápido e exato sem folga mecânica, o que os torna adequados para aplicações em que é necessária uma elevada precisão e dinâmica.

1.12 Métodos de programação MOCN

Existem várias formas de controlar as máquinas CNC:

- **Programação manual :**   Este método consiste em escrever manualmente as instruções de movimento necessárias para maquinar as peças. Estas instruções são introduzidas através do painel de controlo da máquina ou através de um teclado. Cada movimento é especificado ponto a ponto, o que significa que o programador deve introduzir as coordenadas exactas da posição final para cada movimento da máquina. Cada movimento é registado num bloco (ou linha) separado do programa. O programador escreve uma sequência de blocos que definem todos os movimentos necessários para maquinar a peça. Quando o programa está pronto, o operador pressiona o botão de início de ciclo para iniciar a máquina CNC que está a executar o programa. A máquina CNC executa então os blocos do programa por ordem cronológica, seguindo as instruções de movimento especificadas. Desloca-se de um ponto para outro seguindo as coordenadas introduzidas pelo programador, efectuando os movimentos necessários para maquinar a peça de acordo com as especificações do programa. Este método é amplamente utilizado em oficinas que não necessitam de produzir grandes séries de peças idênticas, ou que requerem ajustes finos e precisos para cada operação de maquinagem.

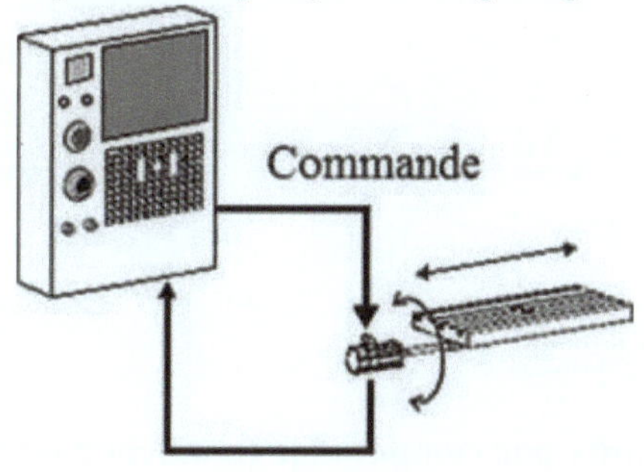


```
N10 G90 G40 G71
N20 T1D1 M6
N30 G97 S800
N40 G94 F200
N50 G00 X-15 Y10 Z5 M3 M7
N60 G01 X0 Z-3
N70 G02 X10 Y10 R5
N80 G00 G52 X0 Y0 Z0 M5 M9
N90 M2
```

Figura 22. Programação manual

- Programação de Perfis Geométricos (PGP): Este método de maquinação de perfis CNC complexos, também conhecido como programação manual utilizando elementos geométricos simples, é utilizado para maquinar peças com trajectórias complexas. Este método consiste em decompor a trajetória desejada em elementos geométricos simples, tais como linhas rectas, arcos circulares ou pontos de referência, e depois especificar as relações e parâmetros entre estes elementos.

O programador CNC define cada segmento geométrico especificando as coordenadas de início e fim, os raios dos arcos de círculo, os ângulos de inclinação, etc. Ao associar estes elementos geométricos simples, obtém-se a trajetória completa da ferramenta para maquinar a peça no perfil desejado. Este método é frequentemente utilizado para maquinar contornos complexos, formas irregulares ou peças com geometrias específicas. Oferece uma grande flexibilidade e um controlo preciso dos percursos de maquinagem.

No entanto, pode ser mais trabalhoso e exigir alguns conhecimentos de programação CNC para decompor corretamente a trajetória. A vantagem deste método é que permite ao programador ter um controlo direto sobre cada elemento da trajetória, o que pode ser útil para obter acabamentos precisos ou para realizar operações específicas que não são facilmente alcançáveis com outros métodos de programação CNC.

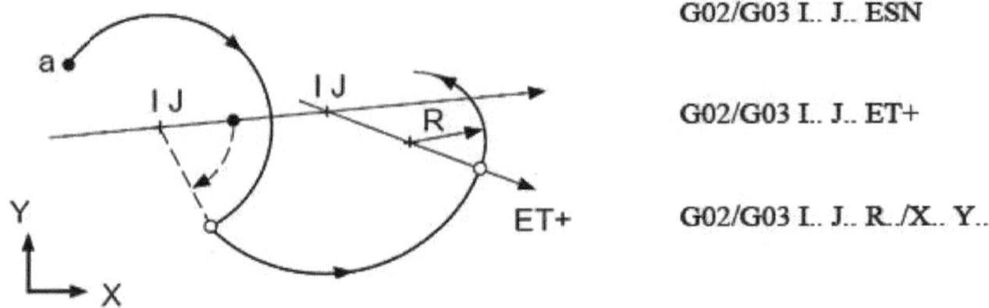

- Programação assistida por computador (também conhecida como CAM): Para facilitar a programação CNC e tornar o processo mais eficiente, os programadores utilizam geralmente software de fabrico assistido por computador (CAM). Estes programas geram automaticamente o programa de maquinagem a partir de um modelo CAD (desenho assistido por computador) 2D ou 3D. Os programadores definem os parâmetros da máquina, as operações de maquinagem necessárias e as ferramentas a utilizar no software CAM. O software analisa então o modelo CAD e gera automaticamente os percursos de maquinagem necessários para produzir a peça desejada. Isto poupa aos programadores a tediosa tarefa de determinar manualmente as coordenadas dos pontos para trajectórias complexas.

Para além de gerar o programa de maquinação, o software CAM também permite simular operações de maquinação para detetar colisões, erros de percurso ou quaisquer outros problemas potenciais antes do início da produção real. Isto evita acidentes dispendiosos e melhora a segurança das máquinas

CNC. Depois de o programa de maquinação ter sido criado e simulado no software CAM, pode ser transferido para a máquina CNC através de um cabo de ligação, de uma pen USB ou de uma ligação à Internet, dependendo da configuração da máquina.

Existem muitos pacotes de software CAM no mercado, cada um com as suas próprias características e funcionalidades. Alguns dos softwares CAM mais populares incluem TOPSOLID, MASTERCAM, CATIA, SOLIDCAM, ONE CNC, AUTODESK FEATURECAM, XCAP e muitos outros. As empresas geralmente escolhem o software CAM que melhor se adapta às suas necessidades específicas, dependendo do tipo de maquinação que fazem e da complexidade das suas peças.

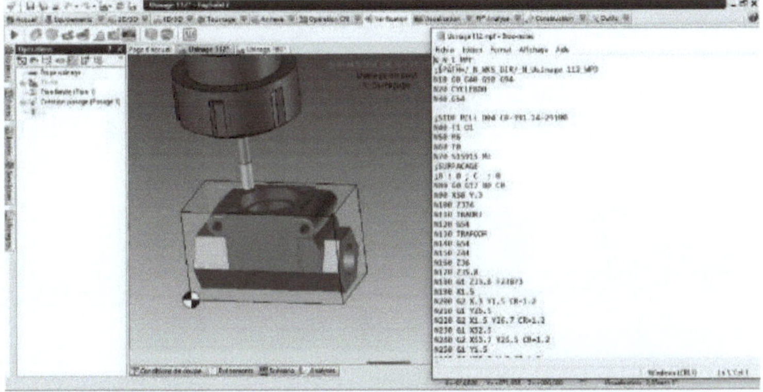

Figura 23. CAM utilizando o software TopSolid7®.

- Programação em conversação: O método de programação em conversação é o mais recente e o mais fácil de utilizar pelos operadores de máquinas CNC. Envolve a definição de parâmetros de maquinação através de uma interface gráfica, tornando o processo muito mais fácil e acessível para os utilizadores. O operador pode selecionar diretamente as operações de maquinação disponíveis na máquina, tais como torneamento, faceamento, surfaçagem, perfuração, roscagem, maquinação de cavidades, maquinação de percursos, ranhuramento, etc., ou utilizar funções padrão como repetição, espelho, troca de ferramentas, etc.

Neste método, o operador não precisa de escrever qualquer código de programação, uma vez que se limita a introduzir os valores dos parâmetros de corte específicos para cada operação. Por exemplo, para uma operação de furação, o operador introduz as velocidades, a posição e a profundidade do furo, os planos de ataque e de folga, e a máquina encarrega-se de converter estes parâmetros em movimentos de maquinagem. A utilização da programação em diálogo de texto não requer conhecimentos profundos de

A utilização da programação em diálogo de texto não requer conhecimentos profundos de programação CNC, uma vez que a unidade de controlo da máquina se encarrega de converter os parâmetros em movimentos dos eixos. Isto torna o processo de maquinagem mais rápido e mais acessível para os operadores menos experientes.

É importante notar que a programação em conversação está muitas vezes limitada a operações simples e normalizadas. Para operações mais complexas ou trajectórias personalizadas, pode ser necessário utilizar métodos de programação mais avançados e abrangentes.

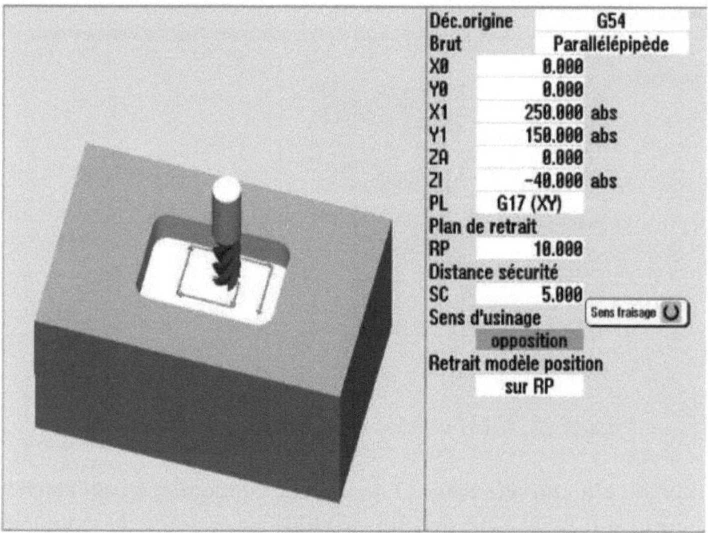

Figura 24. Ecrã de definições do saco SHOPMILL®.

Figura 25. Programa SHOPMILL SPINNER®.

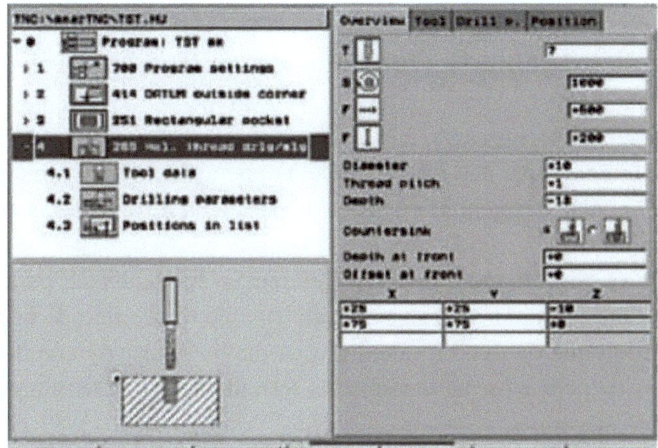

Figura 26. Programa HEIDENHAIN® SMART.NC

Capítulo 2

Utilização de máquinas-ferramentas de controlo numérico

2.1 Introdução

Antes de passar à programação, é essencial definir os pontos de referência e os pontos de referência que servirão de base às operações de maquinagem. Estes pontos de referência definem as posições da peça e da ferramenta, bem como os eixos de deslocação.

O ponto de origem é um ponto de referência fundamental para todas as operações de maquinagem. Geralmente está situado num canto da peça ou num ponto específico que facilita os cálculos e os movimentos. As coordenadas dos outros pontos da peça e os movimentos da ferramenta são determinados a partir deste ponto de origem.

Os eixos são também marcadores importantes que definem as direcções em que a máquina se move. Nas máquinas CNC, os eixos X, Y e Z são geralmente utilizados para definir os movimentos ao longo dos eixos horizontal e vertical. Em alguns casos, podem ser utilizadas máquinas com mais eixos, permitindo movimentos mais complexos e operações mais sofisticadas.

A escolha das marcas e dos eixos de referência depende tanto do equipamento da máquina como da natureza das operações a efetuar. É importante definir corretamente estes referenciais para garantir a precisão e a coerência das operações de maquinagem. Uma vez definidos os referenciais, o programador pode começar a escrever o programa CNC utilizando as coordenadas e os movimentos adequados no referencial escolhido.

2.2 Pontos de referência

2.2.1 Origens

OM "Origem da máquina": esta origem é definida pelas posições dos batentes eléctricos nas máquinas.

Om "Origem da medição": esta origem é especificada pelo fabricante da máquina CNC e representa o primeiro ponto zero do encoder; é uma origem relativa à origem da máquina. Se necessário, pode ser reposta pelo operador de acordo com um procedimento definido pelo fabricante. Na maioria das máquinas CNC, o fabricante fixa o ponto zero de medição na mesma posição que o ponto zero máquina.

Opp "Origem do suporte da peça": é a ligação entre a máquina e o suporte da peça, em relação à origem da medição. Representa a posição relativa do suporte da peça.

Opo "Origem do porta-ferramentas": é o ponto controlado pela máquina sem correção da ferramenta; é definido pelo fabricante da máquina em relação à origem da medição.

Origem da peça": é a ligação entre o suporte da peça e a peça, e especifica a posição da peça no suporte da peça. Esta origem é escolhida pelo operador de acordo com a forma e as dimensões da peça.

OP "Origem do Programa": é a origem de todos os movimentos programados da ferramenta e/ou da peça. É definida em relação às outras origens. A sua posição é escolhida livremente pelo programador, com base no sistema de cotagem da peça. Obviamente, é possível posicionar a origem do programa na mesma posição que a origem da peça.

Quadro 3: Origens

Origens	Símbolos
Origem da máquina	
Origem da medição	
Origem da peça	
Origem do programa	

2.2.2 Ponto pilotado por máquina (MPP)

Este é o ponto de partida para a medição da ferramenta, definido pelo fabricante da máquina e localizado no sistema de suporte da ferramenta. O operador pode deslocar este ponto em relação às origens da medição e do programa.

2.2.3 Tecnologia de ponta (TA)

A aresta de corte é o local onde se efectua a operação de corte. É definida em relação ao ponto de controlo da máquina (PPM) e depende essencialmente da geometria e das dimensões da ferramenta. Antes da maquinagem, o operador deve definir cada ferramenta pela sua designação e pelo seu desvio. O desvio define as distâncias entre a aresta de corte e o PPM em relação a cada eixo.

Na maioria das ferramentas de corte, a aresta de corte é considerada como um ponto de referência localizado na extremidade da ferramenta. Este ponto passa a ser o ponto controlado pelo controlador da máquina. Durante a operação de maquinagem, quer seja a ferramenta ou a peça a mover-se, o controlador actuará sempre como se estivesse a mover a aresta de corte relativamente à origem do programa. Assim, é necessário programar em relação a este ponto, porque o que importa não é como as peças se movem, mas como a aresta de corte se move em relação ao trabalho.

Símbolos AT :

Para torneamento: Para fresagem :

2.3 Os eixos

Numa máquina-ferramenta de controlo numérico, os eixos referem-se aos movimentos lineares e rotativos de um componente da máquina, como a mesa, o carro e o fuso. Os eixos de uma máquina CNC são definidos de acordo com a norma ISO 841 e AFNOR NF Z 68-020. Os marcadores de eixos estão sempre localizados nas máquinas-ferramentas:

- Sobre os espigões para as torres.
- Para os centros de morango.

Figura 27. Posição dos eixos da "ferramenta de tornear".

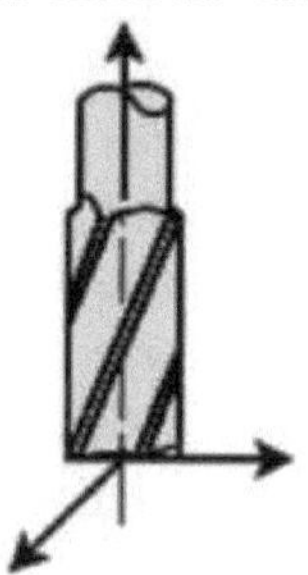

Figura 28. Posição dos eixos da "ferramenta de fresagem

Eixos primários :

❖ O eixo **Z** corresponde ao eixo do fuso, com uma direção positiva que corresponde a um aumento da distância entre a peça de trabalho e a ferramenta.

❖ O eixo **X** corresponde ao eixo seguinte com o maior deslocamento, a direção positiva corresponde a um aumento da distância entre a peça de trabalho e a ferramenta.

❖ O eixo **Y** forma, com os outros dois eixos "X e Z", um triedro trirectangular com uma direção direta "a regra dos três dedos da mão direita".

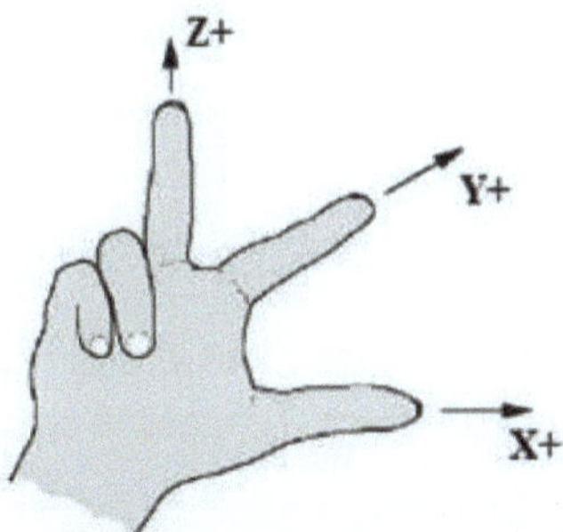

Figura 29. Régua da direita

Os eixos de rotação :

❖ **A** à volta de **X**, direção **A+** de **Y** a **Z**

❖ **B** em torno de **Y**, direção **B+** de **Z** para **X**

❖ **C** em torno de **Z**, direção **C+** de **X** para **Y**

Vias secundárias

Os eixos secundários de translação são :

❖ **U** paralelo ao eixo **X**

❖ **V** paralelo ao eixo **Y**

❖ **W** paralelo ao eixo **Z**

Os eixos secundários de rotação são :

❖ **D** coaxial com o eixo **A em** torno do eixo **U**

❖ **E** coaxial com o eixo **B** em torno do eixo **V**

Rotas terciárias

As rotas de tradução terciárias são :

❖ **P** paralelo ao eixo **X**

❖ **Q** paralelo ao eixo **Y**

❖ **R** paralelo ao eixo **Z**

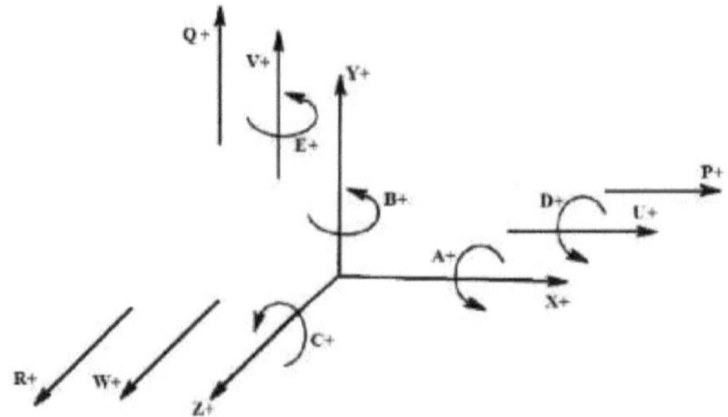

Figura 30. Sistema de eixos em máquinas CNC

Nota: nos casos em que as deslocações são dadas em relação à peça, as direcções dos eixos serão invertidas e a designação será anotada: X', Y', Z', A', ...

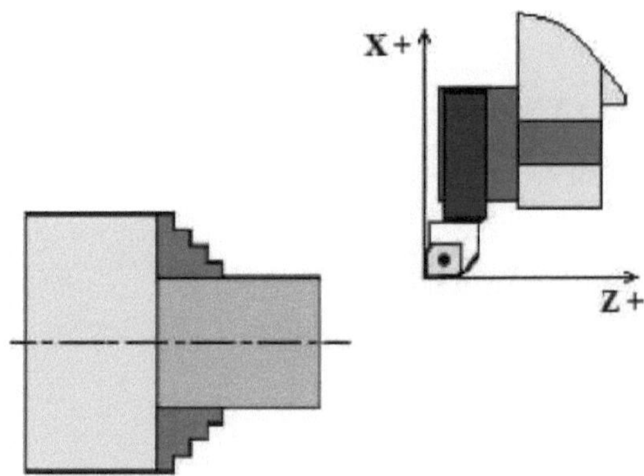

Figura 31: Eixos numa peça cilíndrica

Figura 32. Eixos no processo de viragem

Figura 33: Eixos numa peça prismática

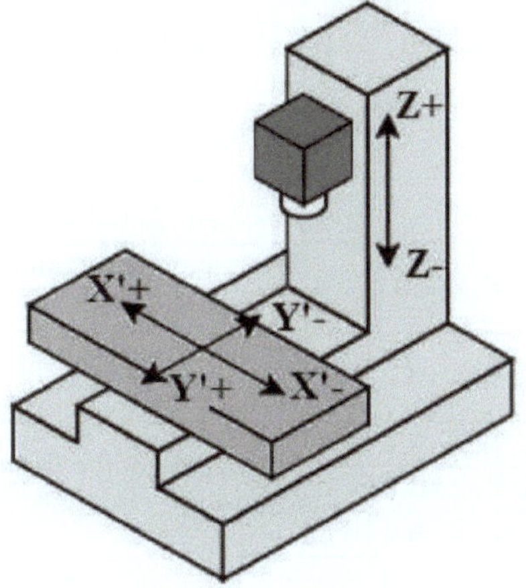

Eixos de uma fresadora com fuso vertical

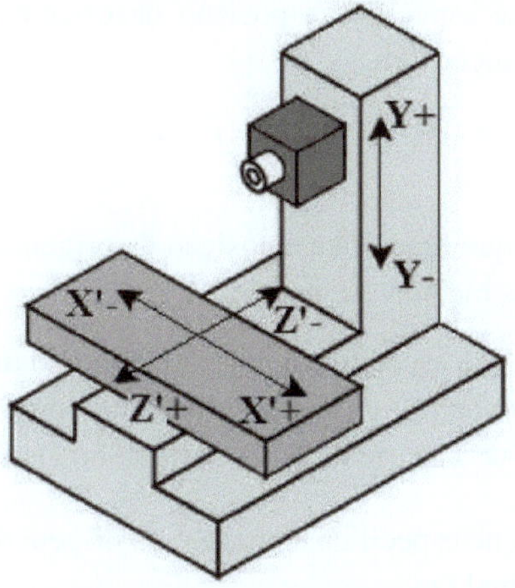

Eixos numa máquina de fresar com fuso horizontal
Figura 34: Posições dos eixos em máquinas NC

Quadro 4. Classificação por número de eixos

Processos	Número eixos	Eixos	Operações
Tiroteio	2	X e Z	Torneamento geral: tornear, facear, furar, etc.
	3	X, Z e C	Torneamento geral, fresagem no torno e
	4	X, Y, Z e C	perfuração fora do eixo Z, ...
	4	X1, X2, Z1 e Z2	Virar com duas torres.
	5	X1, X2, Z1, Z2 e C	Com a utilização de duas torres e fresagem no torno e perfuração fora do eixo Z,
Fresagem	3	X, Y e Z	Fresagem geral: fresagem em face, abertura de ranhuras, perfuração, roscagem e fresagem de bolsos.
	4	X, Y, Z e B	Fresagem geral com rotação da peça em torno do eixo Y.
	4	X, Y, Z e C	Fresagem geral com rotação da peça em torno do eixo Z.
	5	X, Y, Z, A e C	Fresagem geral e fresagem de superfícies à esquerda.
	5	X, Y, Z, B e C	
	5	X, Y, Z, A e B	

2.4 Definição de desvios

$\overrightarrow{O_m OP}$: é o vetor que especifica a posição da origem do programa OP em relação à origem da medição Om.

$$\overrightarrow{O_m OP} = \overrightarrow{O_m O_{pp}} + \overrightarrow{O_{pp} O_p} + \overrightarrow{O_p OP} \quad \text{(Eq.20)}$$

- $\overrightarrow{O_m O_{pp}}$: é o vetor que especifica a posição da origem da porta parte Opp em relação às medidas de origem Om.

- $\overrightarrow{O_{pp} O_p}$: é o vetor que especifica a posição do apoio da peça em o suporte da peça de trabalho, ou seja, a distância entre a origem da peça de trabalho Op e a origem do suporte da peça de trabalho Opp.

- $\overrightarrow{O_p OP}$: é o vetor que especifica a posição da origem do programa OP em relação à parte original Op.

- **PREF**: é o desvio da origem da parte **"Om / Opp"**.
Para evitar qualquer ambiguidade, é necessário especificar que, na filmagem, o PREF depende da frequência de montagem e desmontagem do mandril:

- Se o mandril for desmontado frequentemente: **PREF = Om / Opp.**

- Se a bucha nunca for retirada: **PREF = Om / Op.**

A origem do programa pode ser deslocada da origem da peça, quer através da regulação dos parâmetros da máquina, quer através da programação.

- **DECI**: é o desvio de origem do programa **"Opp / OP"**.

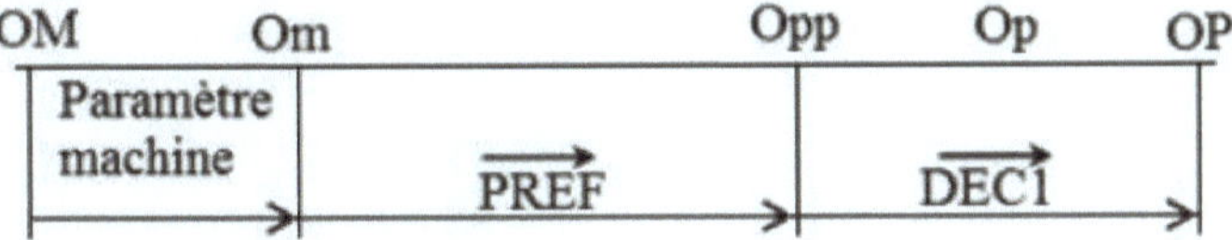

2.5 Referenciação de máquinas

Nas máquinas CNC mais antigas, após cada arranque, o processador não pode saber a posição da origem da medição em relação à origem da máquina, uma vez que estas máquinas estão equipadas com encoders relativos. Por isso, é necessário definir o desvio "Origem da Medição" (ORPOM = Om/OM) após cada arranque. Nalgumas máquinas, a origem da medição confunde-se com a origem da máquina, o que significa ORPOM=0.

Após a ligação, o operador deve deslocar os carros na direção definida pelo fabricante, até aos batentes (sensores originais). Isto permite ao computador da máquina determinar os valores ORPOM para todos os eixos.

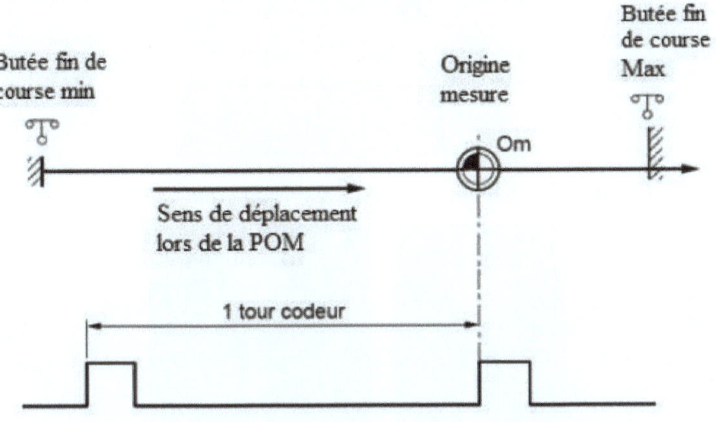

Figura 35: Determinação da origem da medição

As novas máquinas NC são referenciadas automaticamente assim que a máquina é colocada em funcionamento. Estas máquinas estão equipadas com encoders absolutos. Quando a máquina é iniciada, o controlo recolhe as posições actuais dos eixos em relação à origem da medição, sem necessidade de um POM (Measurement Origin Pick-up).

Uma vez localizada a origem da medição, o operador deve localizar a origem da peça, que é um ponto acessível e conhecido na peça. A posição pode ser determinada por uma sonda ou pela medição da tangente. A tangente é definida em todos os eixos entre o ponto controlado pela máquina e a superfície da peça (é possível utilizar um bloco de medição).

> **Fresagem**

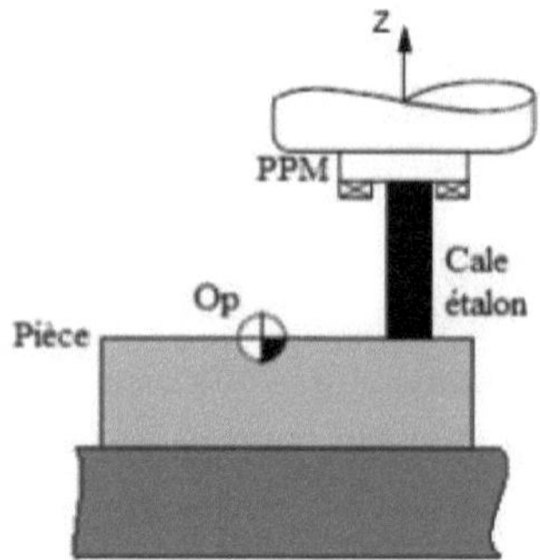

Figura 36. Origem da peça em relação ao eixo Z

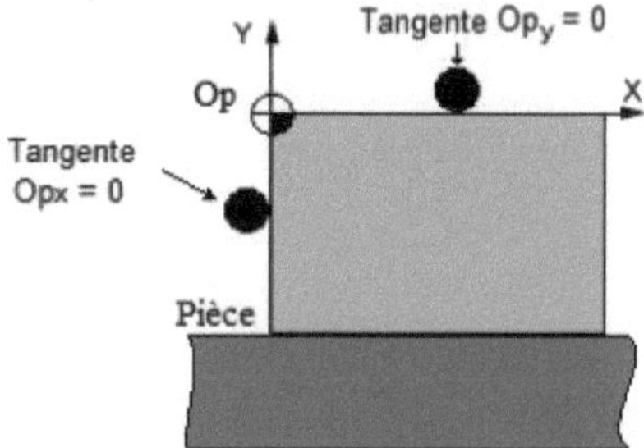

Figura 37. Origem da peça em relação aos eixos X e Y

Figura 38. Princípio da captura da origem da peça ao longo do eixo X
Quando a sonda toca na peça de trabalho, acende-se uma luz LED.

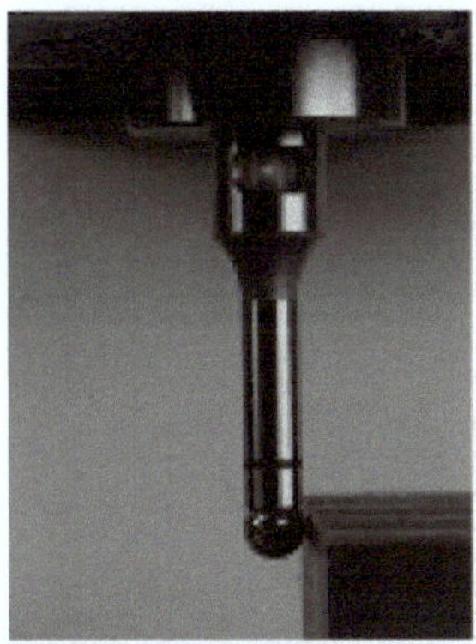

Figura 39. Captura da origem da peça utilizando uma sonda eléctrica com LED

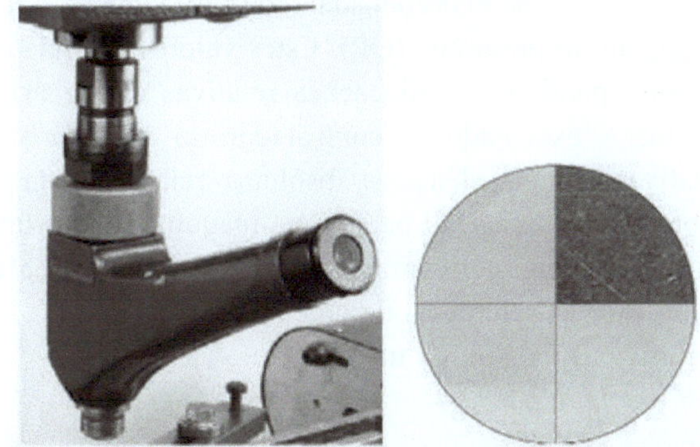

Figura 40. Apanhador de peças de trabalho e instrumento ótico Vista ampliada da peça de trabalho

Figura 41. Ficha original para um instrumento laser

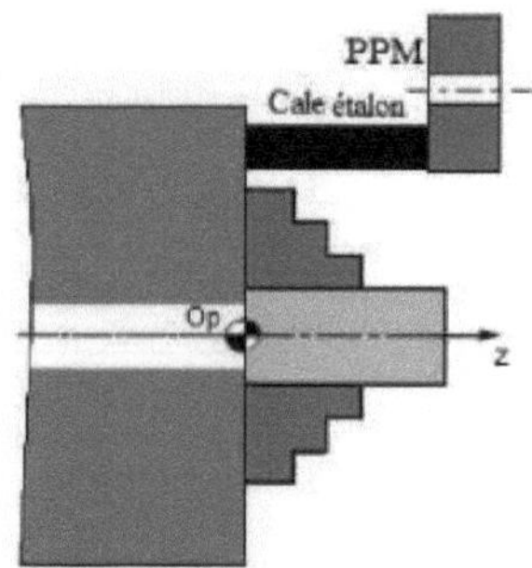

Figura 42. Origem da peça em relação ao eixo Z

O programador escreve as coordenadas do movimento da ferramenta relativamente à origem do programa (OP). Estes valores são relativos à origem do programa e correspondem a deslocações relativas a esta origem. Depois, quando o programa é executado, o controlador da máquina converte estas coordenadas relativas em coordenadas absolutas relativamente à origem da medição. Esta conversão é essencial para que a máquina saiba exatamente onde se deve deslocar e posicione corretamente a ferramenta na peça em relação à origem de medição, que é a referência fixa da máquina.

Coordenadas relativas à origem da medição :

$x_{Om} = x_{OP} + \text{PREF } X + \text{DEC1 } X$

$y_{Om} = y_{OP} + \text{PREF } Y + \text{DEC1 } Y$

$z_{Om} = z_{OP} + \text{PREF } Z + \text{DEC1 } Z$

Obviamente, quando uma peça é fixada numa mesa rotativa, a origem da peça só será tida em conta para o eixo que não é afetado pela rotação da mesa. Para os eixos rotativos, PREF (Posição de Referência) e DEC (Desvio) determinam-se da seguinte maneira:

- Para eixos lineares: as coordenadas da origem da peça de trabalho permanecem inalteradas, uma vez que estes eixos não são rodados com a mesa.

- Para o eixo rotativo: A posição de referência (PREF) será definida no ponto em que o eixo rotativo está na posição de 0 graus (ou noutro ângulo de referência selecionado). O desvio (DEC) será a diferença entre a posição de referência e a posição da origem da medição para este eixo.

PREF = Centro do planalto / Om

DEC3 = OP / Centro da mesa: excentricidade da peça

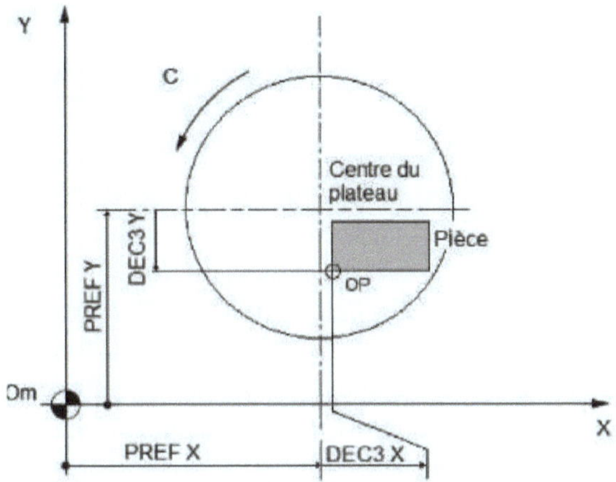

Figura 43. Base de origem para mesa rotativa (rotação relativa a Z)

2.6 Porta-ferramentas

Os porta-ferramentas são elementos intermédios que fixam a ferramenta ao revólver no torneamento e ao fuso na fresagem. É essencial utilizar porta-ferramentas normalizados. Do lado da máquina, os porta-ferramentas devem ter as mesmas dimensões e a mesma forma para permitir a troca automática de ferramentas, garantindo ao mesmo tempo uma boa fixação e uma estabilidade perfeita. Do lado da ferramenta, é essencial escolher um porta-ferramentas que se adapte às dimensões e à forma específicas de cada ferramenta.

- No local :

Independentemente do tamanho da ferramenta, os porta-ferramentas são constituídos por uma estrutura que assegura a centragem da ponta da ferramenta em relação ao eixo da peça. São escolhidos em função do tipo de torreta. Os porta-ferramentas mais utilizados são o DIN 69880 e o VDI.

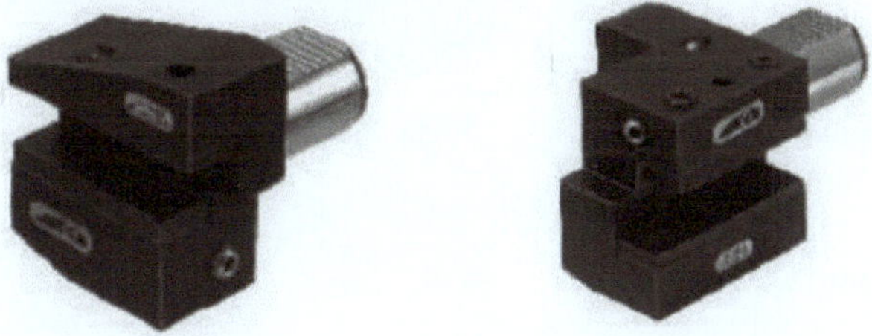

Porta-ferramentas radial externo Porta-ferramentas axial externo

Mandril de aperto ER Mandril de broca VDI

Figura 44. Suporte da ferramenta

- **Fresagem**

Os porta-ferramentas têm formas cónicas normalizadas e são especialmente concebidos para garantir que a ponta da ferramenta está centrada no eixo da peça de trabalho. Possuem um orifício central ou lateral através do qual o lubrificante pode passar para garantir o funcionamento correto e a lubrificação da ferramenta durante a maquinagem.

Os tipos de porta-ferramentas mais utilizados são :

ISO 7388/1: ISO 30, ISO 40, ISO 45 e ISO 50.

DIN 69871: ISO 40 e ISO 50.

MAS BT: ISO 30, ISO 40 e ISO 50.

YAMAZAKI: ISO 40 e ISO 50.

DIN 2080: ISO 40 e ISO 50.

DIN 696693: HSK 40-A, HSK 50-A, HSK 63-A, HSK 80-A e HSK 100-A

Tabela 5. Porta-ferramentas de fresagem

Porta-ferramentas para fresas de topo cilíndricas	
Porta-ferramentas para fresas de topo cilíndricas com lâminas	
Porta-ferramentas para fresa de furo central com acionamento por pino	

- **Perfuração**

É essencial que os utilizadores de ferramentas assegurem que as pontas das brocas estão corretamente centradas para garantir a qualidade dos furos. A centragem exacta permite que os furos sejam feitos com maior precisão, evitando desvios e assegurando que as dimensões estão em conformidade com as especificações exigidas. Isto é particularmente importante nas operações de maquinagem em que a precisão do furo é crucial para a qualidade do produto acabado. Os porta-ferramentas concebidos especificamente para a perfuração desempenham um papel importante na garantia do alinhamento correto e da estabilidade da broca, permitindo obter óptimos resultados de maquinação.

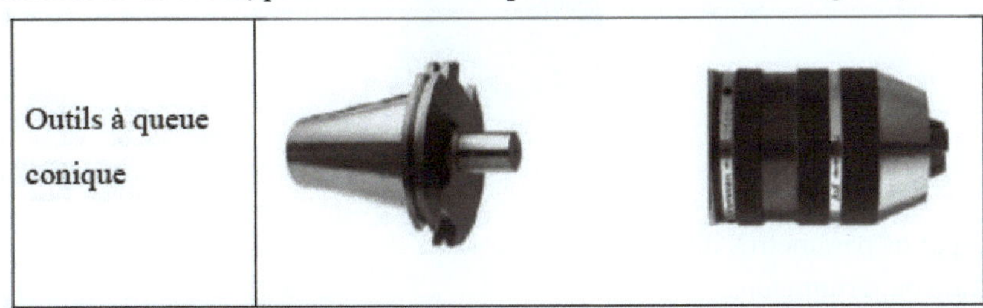

Ferramentas com haste cónica

2.7 Medição de ferramentas

Após cada remontagem, é impossível manter a ferramenta exatamente na mesma posição no porta-ferramentas. Para além disso, cada ferramenta tem as suas próprias dimensões e formas. Os principais tipos de ferramentas e formas de pastilhas são apresentados nos Apêndices 1 e 2.

Existem vários métodos para medir os calibres de ferramentas:

- Com a utilização de um banco de pré-ajuste: esta solução reduz consideravelmente o tempo de paragem da máquina.

- Manualmente pela máquina: esta solução é apenas moderadamente eficaz, uma vez que imobiliza a máquina durante a fase de preparação.

- Utilizando sensores de medição (sondas): é uma solução fácil, rápida e exacta".

Estes métodos de medição dos calibres das ferramentas são essenciais para garantir a precisão e a qualidade das operações de maquinagem efectuadas pela máquina CNC. A escolha do método dependerá das necessidades específicas da operação de maquinagem e da disponibilidade de equipamento na oficina.

Figura 45. Bancadas de pré-ajuste de ferramentas

Disparo: os parâmetros de correção são :
- Raio da ferramenta.
- Dimensões da ferramenta em relação aos eixos X e Z.
- A posição da aresta de corte em relação ao centro do círculo.

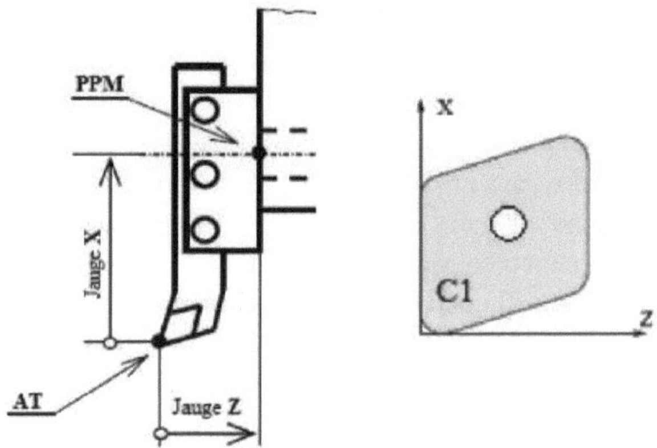

Figura 46. Medidores na viragem

As figuras seguintes mostram os métodos utilizados para medir os calibres das ferramentas de torneamento. Consiste em efetuar uma tangente entre a ferramenta e um bloco de calibres (ou uma peça de trabalho) de comprimento e diâmetro conhecidos, calculando depois o valor dos calibres Jx e Jz.

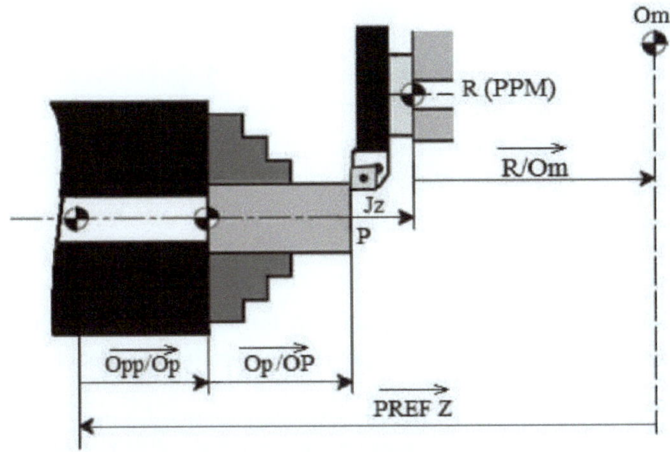

Figura 47. Método de determinação do gabarito Z

$$\overrightarrow{O_m O_{pp}} = \overrightarrow{O_{pp} O_p} + \overrightarrow{O_p OP} + \overrightarrow{OPP} + \overrightarrow{PR} + \overrightarrow{RO_m}$$

Avec :

$$\overrightarrow{PR} = \overrightarrow{Jz}$$

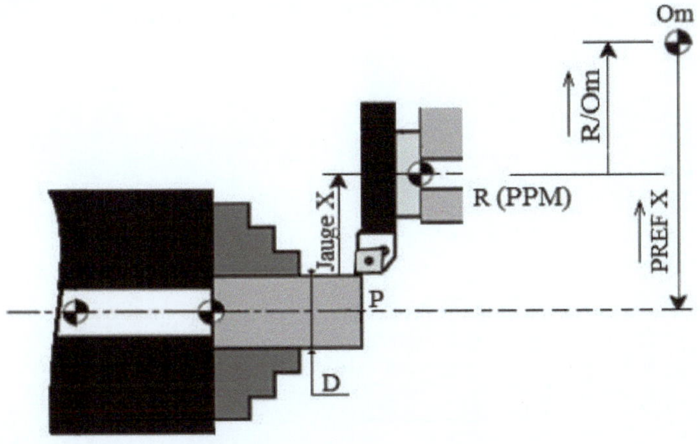

Figura 48. Método de determinação do gabarito X

Com :

$$\overrightarrow{PR} = \overrightarrow{JX}$$

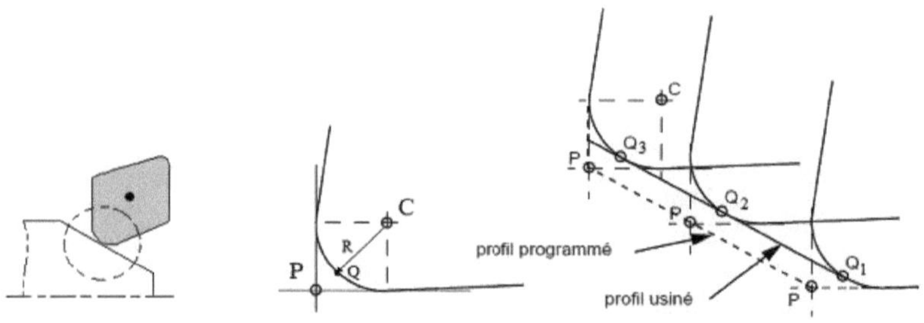

O ponto C é o centro do raio da ponta da ferramenta. É importante levar a trajetória controlada pela máquina do ponto P ao ponto Q. O modelo de correção passa a ser :

$$\overrightarrow{O_m O_{pp}} = \overrightarrow{O_{pp}O_p} + \overrightarrow{O_p OP} + \overrightarrow{OPQ} + \overrightarrow{QC} + \overrightarrow{CP} + \overrightarrow{PR} + \overrightarrow{RO_m}$$

Exemplos:

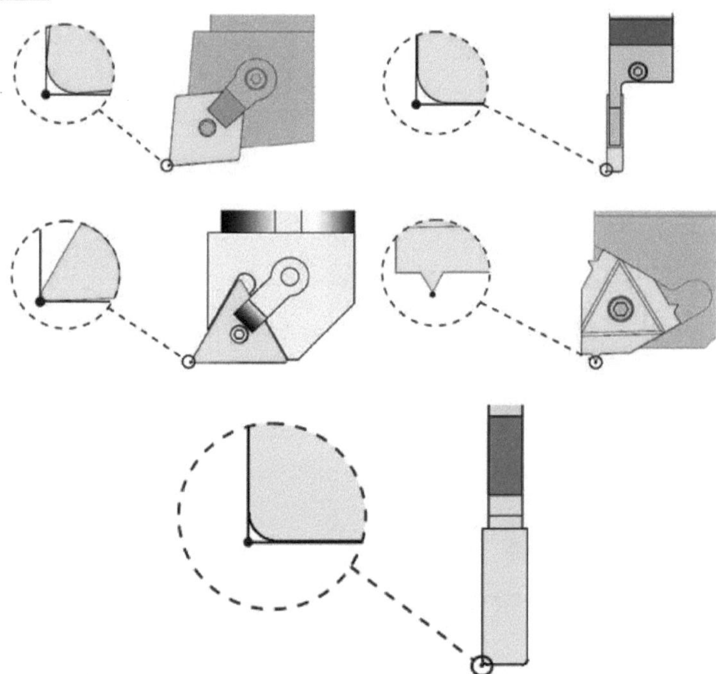

Figura 49: Formas de ferramentas de torneamento

<u>Fresagem :</u>

Os parâmetros de correção da ferramenta são :

- O comprimento da ferramenta em relação ao eixo Z.
- Raio da ferramenta.

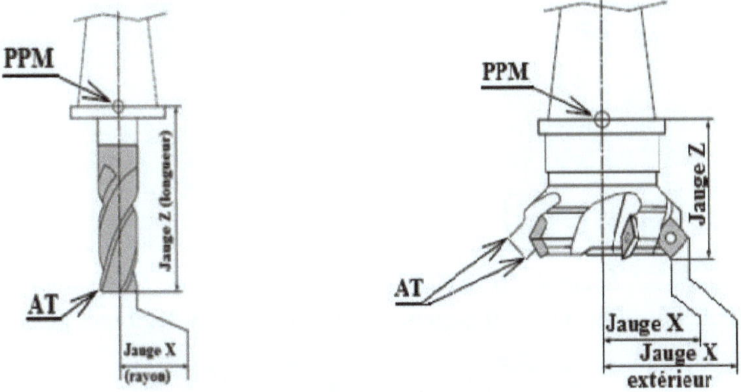

Figura 50. Medidores de fresagem

Existem três métodos para medir as fresas numa máquina CNC:
- Efetuar a tangente entre a ferramenta e a mesa (Z=0).
- Fazer a tangente entre a ferramenta e um bloco de calibre (ou um pedaço de altura).
bem conhecido).
- Medição automática do comprimento e do diâmetro através de uma sonda instalada na mesa.

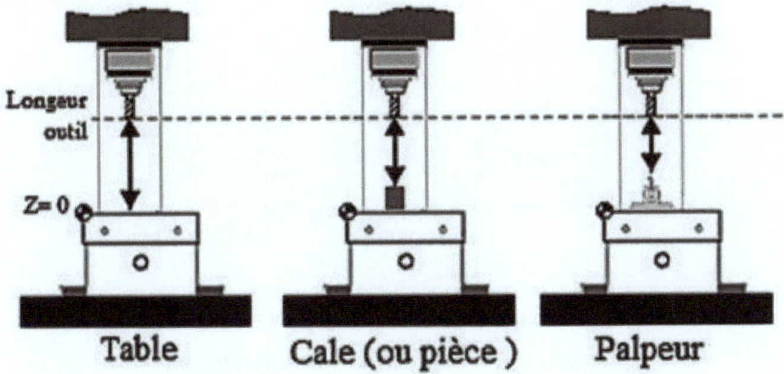

Figura 51. Métodos de medição do comprimento da ferramenta
Sonda automática Sonda manual

Figura 52. Exemplos de medição do comprimento da ferramenta

O ponto P nas ferramentas de fresagem está localizado nas seguintes posições:

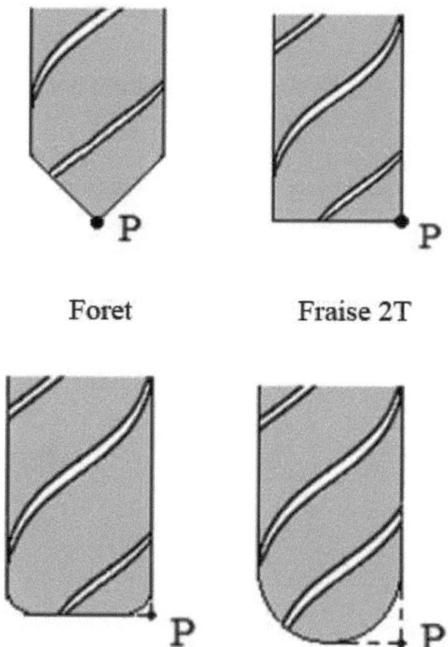

Fresa tórica Fresa hemisférica

Figure 52.   Sugestões de morangos

2.8 Modos da máquina CNC

A maioria das máquinas CNC funciona em modos que correspondem a uma utilização específica da máquina. Estes modos diferem consoante a tecnologia, as funções disponíveis e a área de utilização. Apresentamos de seguida os modos (ou sub-modos) mais utilizados:

• Modo de referência: permite a sincronização entre a parte operativa e a parte de controlo da máquina (origem da medição, posição atual dos carros e do armazém de ferramentas).

• Modo JOG: é um modo de funcionamento manual que permite configurar a máquina, definir as ferramentas e a origem da peça.

• Modo de programação: permite introduzir programas manualmente ou copiar ficheiros através de uma chave USB ou de um cabo de ligação.

• Modo de memória: guarda os programas na memória da máquina.

• Modo automático: a máquina funciona automaticamente. Quando o operador carrega no botão "início do ciclo", a máquina executa a totalidade ou parte dos blocos do programa.

• Modo IMD: este modo está disponível nas máquinas FANUC. Permite programar, testar e executar operações simples.

• Modo Teach-in: neste modo, os movimentos manuais são memorizados pela máquina e convertidos em posições no programa.

• Modo de diagnóstico e colocação em funcionamento: neste modo, o operador pode efetuar operações de manutenção".

Estes diferentes modos permitem gerir eficazmente as várias fases do processo de maquinagem, desde a preparação e execução do programa até à preparação e controlo da máquina.

Capítulo 3

Normas de programação

3.1 Introdução

Para compreender como as máquinas-ferramentas de controlo numérico são utilizadas para fabricar peças, é necessário estar familiarizado com os conceitos de programação. A "programação" em CNC refere-se aos códigos utilizados para transformar uma peça em bruto (ou semi-acabada) num produto acabado. Este programa contém todas as informações necessárias à máquina, ou seja, descreve as operações a efetuar pela peça operadora de forma sequencial e através de códigos assimiláveis pelo operador. Esta linguagem codificada é designada por "código G".

O código G, também conhecido como linguagem de programação G-code, é uma linguagem universalmente utilizada para comunicar com máquinas CNC. É utilizada para especificar os movimentos das ferramentas, as velocidades, as coordenadas e todas as acções necessárias para realizar a operação de maquinagem pretendida. A programação em código G é essencial para definir o processo de maquinagem, garantir a precisão e a qualidade do produto acabado e otimizar a eficiência da máquina CNC.

3.2 Evolução das normas de programação

É verdade que existem atualmente mais de 4.500 pós-processadores CNC, sendo as principais funções geralmente as mesmas na maioria deles. No entanto, para melhorar o desempenho das suas máquinas, os fabricantes acrescentam frequentemente códigos específicos adaptados ao seu equipamento.

A linguagem de programação CNC foi inicialmente normalizada pela Organização Internacional de Normalização (ISO), uma federação mundial de organismos nacionais de normalização criada em 1947 e que conta com 164 organizações membros. O trabalho desta organização resultou em acordos internacionais publicados sob a forma de normas ISO.

A evolução das normas de programação CNC é apresentada no quadro seguinte:

Quadro 6. Evolução das normas de programação ISO (2020)

Normas	Data de publicação	Estado
ISO 840	1973	Antigo
ISO 1056	1975	
ISO 1057	1973	
ISO 1058	1973	
ISO 1059	1973	
ISO 2539	1974	
ISO 6983-1	1982	Cancelado
ISO 6983-1	2009	Publicado

ISO 14649-1	2003	Publicado
ISO 14649-10	2003	Cancelado
ISO 14649-11	2003	Atualizado em 2004
ISO 14649-11	2004	Publicado

❖ A linguagem **NUM** baseia-se na linguagem ISO, mas com a adição de um certo número de funções específicas.

❖ O Deutsches Institut für Normung **(DIN)** desenvolveu uma norma de programação para máquinas CNC. Esta norma baseia-se na **norma ISO 6983**.

| **DIN 66025-1** | Controlo digital de máquinas, formato; requisitos gerais |
| **DIN 66025-2** | Automação industrial; controlo numérico de máquinas; funções de formatação, preparação e outras |

❖ **Electronic Industry Association (EIA)**: no início dos anos 60, a EIA desenvolveu a lagoa **RS274**, cuja versão **D foi** normalizada em 1979 com a referência ISO 6983 (RS274D). Em 1992, a EIA criou a lagoa **RS274/NGC** (The Next Generation Controller Part Programming Functional Specification), seguida de uma segunda versão em 1994. Esta versão tem muitas características novas em relação à **RS274-D**.

A linguagem **FANUC** também se baseia na linguagem ISO, mas com a adição de algumas especificações (por exemplo, a utilização de ponto e vírgula no final dos blocos).

3.3 Estrutura geral do programa

Um programa CNC (Controlo Numérico) é constituído por uma série de sequências (funções e endereços) que são armazenadas na memória da máquina. Quando a peça é maquinada, estas sequências são transformadas em movimentos pelo computador, que as executa na ordem programada. Os sinais de controlo correspondentes são então transmitidos à máquina, resultando nos movimentos e acções da ferramenta de acordo com o programa CNC.

Este processo permite efetuar operações de maquinagem complexas com grande precisão e eficácia, seguindo as instruções especificadas no programa.

Um programa inclui principalmente :

❖ Funções do endereço preparatório G.

❖ Coordenadas do ponto (X, Y, Z, I, J ...)

❖ Informações sobre as velocidades (S, F ...)

❖ Funções auxiliares de endereço M.

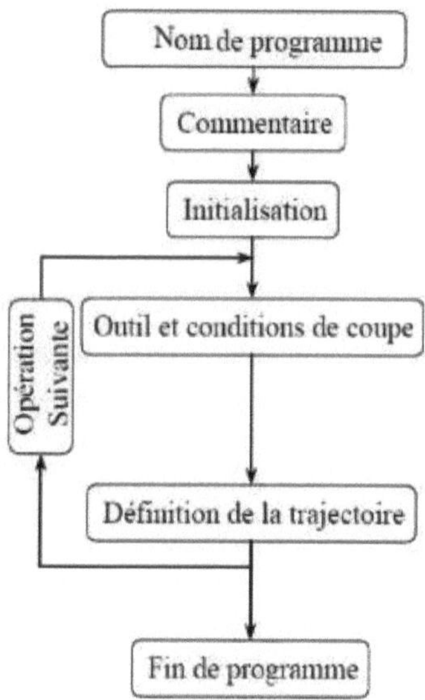

Os programas são escritos da esquerda para a direita e de cima para baixo. Cada frase de um programa é designada por bloco. Os blocos são organizados e estruturados numa sequência específica:

1) Início do programa
2) Chamada de ferramenta
3) Definição dos parâmetros de corte (velocidades de avanço e de rotação)
4) Rotação do fuso
5) Arranque do mandril
6) Viagem rápida até ao ponto de aproximação
7) Maquinação
8) Espaço livre
9) Parar a rega
10) Paragem do fuso
11) Deslocação rápida para uma posição segura
12) Fim do programa

3.4 Formato do bloco

Um programa CNC é composto por blocos, sendo o formato de um bloco o seguinte

N.	G.	X. Y. Z.	F. S.	M.
Número de	Função	Posição a atingir	Função	Função

bloco	preparatória		tecnológica	auxiliar

Nalgumas máquinas, as linhas terminam com os caracteres do fim do bloco, por exemplo: ";", "EOB" ou "LF".

3.5 Formato Word

Uma palavra é composta por uma letra chamada endereço, por exemplo (G, M, X, Y, etc.) e um número de dígitos (de 0 a 9).

Endereço	Sinal	Valor
Uma ou duas cartas	- ou [+]	Números

Exemplos: **G01, M01, X50.3, Y-25.36, Z0.**

3.6 Os principais endereços

%... "Número do programa": a numeração de um programa é precedida de %, o número varia de 1 a 9999.

Nas máquinas FANUC, o número do programa começa com a letra "O...".

Nos comandos SINUMERIK, o nome do programa é o nome do ficheiro.

N... "Número de linha": um número cronológico no início da linha, que pode assumir valores de 0 a 9999. A numeração não afecta a ordem de execução e não é obrigatória. Para facilitar a leitura, as linhas são numeradas em incrementos de 10.

G... "Funções preparatórias" que definem a forma e as condições da viagem.

M... As "funções auxiliares" indicam alterações no estado da máquina.

X... Y... Z... "Eixos principais" que designam as coordenadas dos pontos de chegada.

I... J... K... Parâmetros que definem as trajectórias circulares (posição central).

R. .. Parâmetros que definem trajectórias circulares (raio).

S. .. Especifica a velocidade do fuso.

F... Especificar a velocidade de alimentação.

T. .. Símbolo do número da ferramenta.

D... Corretor de ferramentas.

A. .. Eixo de rotação em torno de X.

B. .. Eixo de rotação em torno de Y.

C. Eixo de rotação em torno de Z.

U., V. e W. Eixos secundários.

P. e Q. utilizados em alguns ciclos de maquinagem.

3.7 Funções preparatórias

3.7.1 Sistemas de classificação

De seguida, concentrar-nos-emos principalmente nas funções standard ISO. As dimensões programadas podem ser expressas das seguintes formas:

Descrição	ISO
Programação absoluta: a dimensão é referenciada à origem do programa.	G90
Programação relativa: a cota é referenciada à posição anterior da ferramenta.	G91
Programação absoluta na origem da medição: a cota refere-se à origem de medição "om" da máquina.	G52

Sintaxe :

Exemplo 1

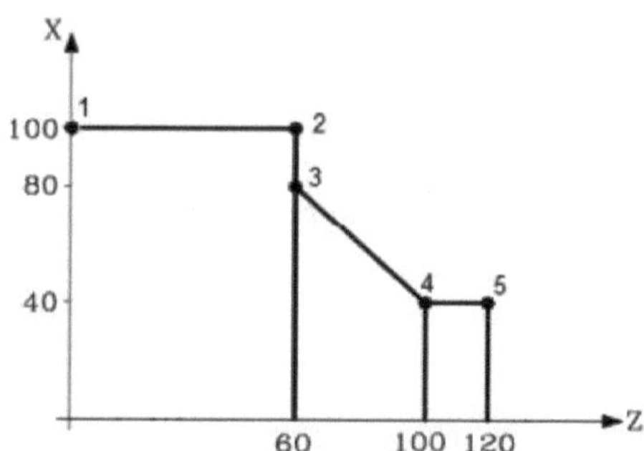

Correção do exemplo 1

Programação absoluta	Programação relativa
X0 Z0 ; Origine	X0 Z0 ; Origine
G90 X100 Z0 ; Point 1	G91 X100 Z0 ; Point 1
X100 Z60 ; Point 2	X0 Z60 ; Point 2
X80 Z60 ; Point 3	X-20 Z0 ; Point 3
X40 Z100 ; Point 4	X-40 Z40 ; Point 4
X40 Z120 ; Point 5	X0 Z20 ; Point 5

Exemplo 2

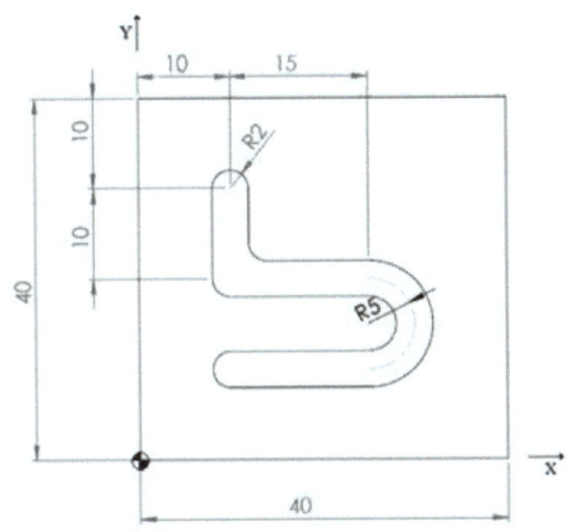

Correção do exemplo 2
Programação absoluta Programação relativa

Programação absoluta	Programação relativa
G90	G00 X10 Y10
G0 X10 Y10	G91 X15 F80
X25	G3 X0 Y10 R5
G3 X25 Y20 R5	G1 X-15
G1 X10	Y10
Y30	

3.7.2 Sistemas de coordenadas

Descrição	ISO
Deslocação em coordenadas cartesianas	G21
Deslocação em coordenadas polares	G20
Deslocamento em coordenadas cilíndricas	G22

3.7.3 Sistemas de medição

Descrição	ISO
Ativar o sistema **métrico**	G71
Ativação do sistema de medição em **polegadas**	G70

3.7.4 Fator de escala

Descrição	ISO
Ativação do fator **de escala**	G74
Desativação do fator **de escala**	G73

<u>**Sintaxe :**</u>

G74 E69000 = ...

O fator está compreendido entre 1/1000 e 9999/1000 e deve ser um número inteiro. A função G74 é modal e não deve ser utilizada com as funções G02, G03, G41 e G42.

Exemplos:

G74 E69000 = 3000 (aqui uma multiplicação de 3)

G74 E69000 = 500 (neste caso, uma redução de 1/2)

3.7.5 Função de espelho

Esta função serve para maquinar um programa simetricamente.

Descrição	ISO
Ativar a função de espelho	G51
Desativar a função de espelho	

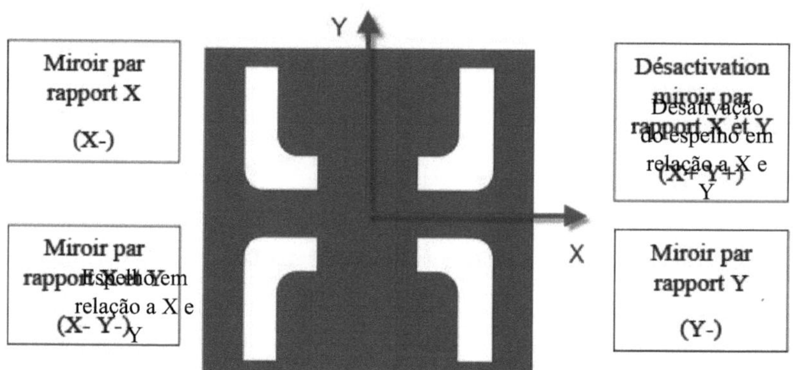

<u>**Sintaxe :**</u>

G51 X- Y- Z-

O sinal negativo (-) valida o espelho em relação a um ou mais eixos.

A função G51 seguida de um ou mais argumentos X+, Y+, Z+ revoga o estado anterior de G51.

A função G51 deve ser programada sozinha num bloco.

Exemplos:

G51 X- Y- (neste caso, simetria em torno dos eixos X e Y)

G51 X+ (neste caso, anulando a simetria em torno do eixo X)

3.7.6 Desvio original

Trata-se de um desvio programado (origem do programa) que serve para designar as origens do programa em várias partes da peça. Esta função é útil para formas repetitivas ou se várias peças idênticas forem montadas na mesma máquina.

Descrição	ISO
Ativar o desvio da origem	G59
Desativar o desvio de zero	

Sintaxe :

$X...$, $Y.$ e $Z.$ são as coordenadas da nova origem do programa.

G59 X0 Y0 Z0: desactiva o desvio de zero.

Exemplo

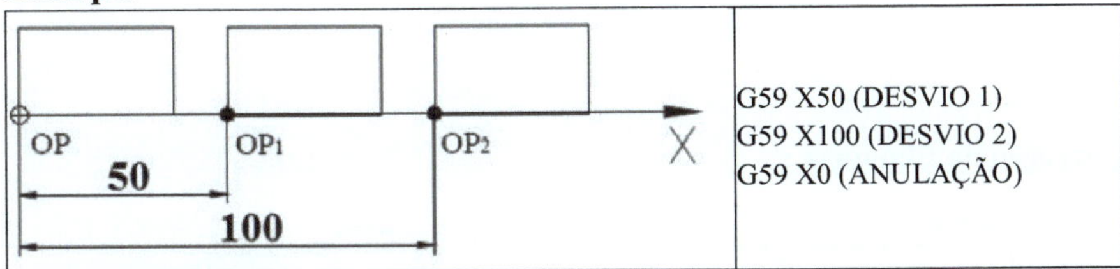

3.7.7 Ferramentas

3.7.7.1 Chamada de ferramenta com desvio

Sintaxe :

O método de chamada de uma ferramenta com o seu corretor varia de uma máquina para outra:

```
T... D... M6
```

Com :

T.. : o número da ferramenta (exemplo T1)

D.. : o número do distanciador (exemplo D1)

M6: ordem de troca de ferramenta

3.7.7.2 Correção do raio da ferramenta

O ponto controlado pela máquina corresponde ao eixo da fresa na fresagem e ao suporte da ferramenta no torneamento. Por outro lado, o ponto da aresta de corte encontra-se na periferia da fresa e na ponta da ferramenta no torneamento.

Para facilitar a programação, especialmente nas operações de contorno, recomenda-se a programação em relação ao ponto controlado pela máquina

(PPM) e a utilização de uma das funções de correção para desviar a ferramenta por um valor igual ao raio da ferramenta. Esta abordagem permite realizar as operações de forma mais intuitiva, com base no centro da ferramenta, o que simplifica a programação da trajetória e garante resultados mais precisos durante a maquinagem.

G41: Correção do raio à esquerda do perfil a maquinar

G42: Correção do raio à direita do perfil a maquinar

G40: Anula a correção.

Assim, o programa inclui as coordenadas do perfil da peça de trabalho e o controlador da máquina calcula a posição da aresta de corte.

<u>**Correção para moagem :**</u>

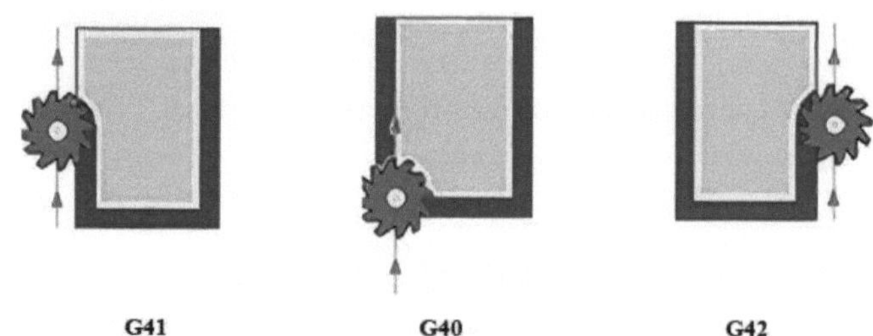

<u>**Correção da filmagem :**</u>

<u>**Sintaxe :**</u>

[G00/G01/G02/G03] G41/G42 ...

3.7.8 Condições de corte

<u>**Sintaxe :**</u>

Velocidade de alimentação

G94/G95 F....

G94: Velocidade de avanço (mm/min), para fresagem e torneamento.

G95: Avanço (mm/rot), para fresagem e torneamento.

Velocidade de corte

> G96 S....

G96: Velocidade de corte constante em (m/min), ao rodar.
-   É aconselhável rodar o fuso utilizando G97 antes de chamar a função G96,
-   Antes de substituir uma ferramenta, é aconselhável anular a velocidade de corte, definindo a velocidade de rotação através da função G97.

Velocidade de rotação

> G97 S....

G97: Velocidade de rotação (rpm), para fresagem e torneamento.

Limitação da velocidade de rotação

> G92 S....

G92: Limitação da velocidade de rotação (rpm), ao rodar.
<u>Nota:</u> para máquinas do tipo FANUC
G50: Limitação da velocidade de rotação (rpm) para os modelos A e B dos programas CNC.
G92: Limitação da velocidade (rpm) para os programas CNC do modelo C.
Exemplos:
G94 F100: Velocidade de avanço f = 100 mm/min.
G95 F0.5: Velocidade de avanço f= 0,5 mm/rot.
G96 S23: Velocidade de corte Vc= 23 m/min.
G97 S1500: Velocidade de rotação N = 1500 rpm.
G92 S9000 : Velocidade máxima do mandril N = 9000 rpm.
3.7.9 Interpolação linear
Sintaxe :

> G00/G01 X ... Y ... Z...

G00: Interpolação linear a alta velocidade.
G01: Interpolação linear à velocidade programada.
X, Y e **Z**: são as coordenadas do ponto de chegada.
Exemplos:
<u>**Para a sessão fotográfica :**</u>

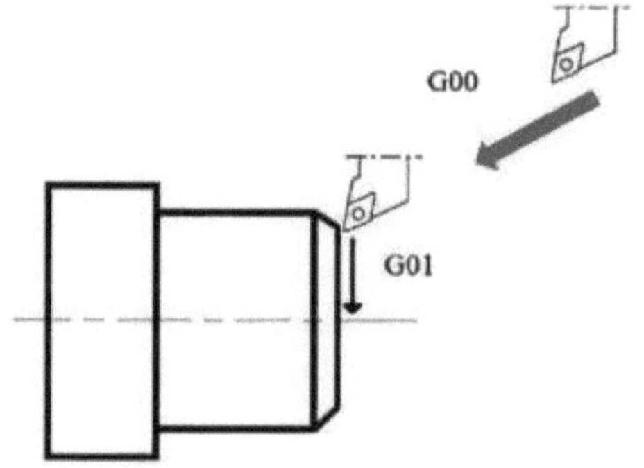

Para moagem :

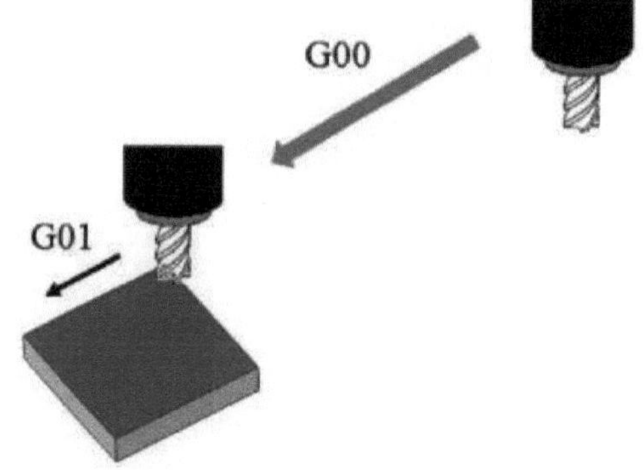

3.7.10Interpolação circular
Sintaxe :

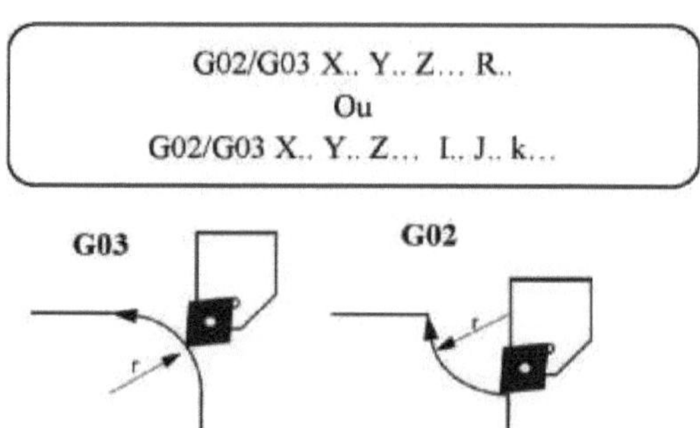

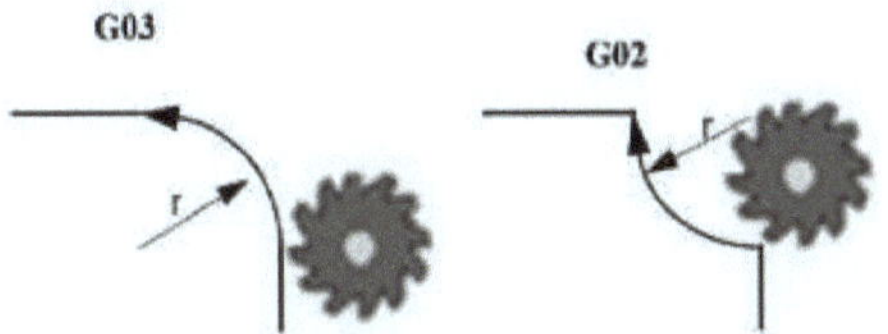

G02: Interpolação circular, no sentido dos ponteiros do relógio.

G03: Interpolação circular, no sentido contrário ao dos ponteiros do relógio.

X, Y e Z: Coordenadas do ponto final do arco

R: Raio do arco

I, J e K: Coordenadas do centro do arco

Eu a seguir X.

J suivant Y.

K seguindo Z.

Disparo:

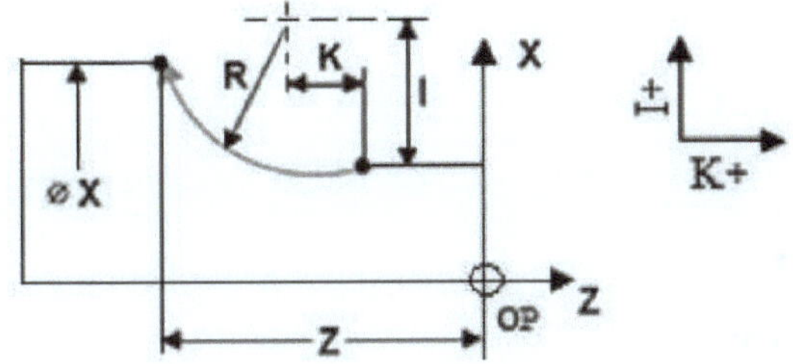

Fresagem:

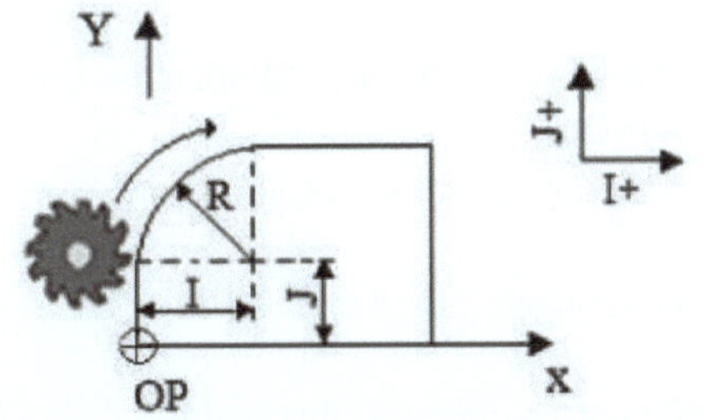

Exemplo 1 de disparo :

Efetuar a operação de contorno na peça seguinte:

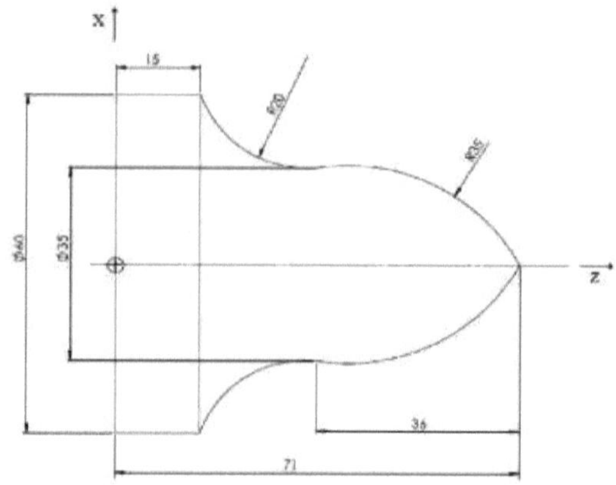

Correção do exemplo 1 :

```
%100
N10G0        X0 Z75
N20M03       S200
   N30G01Z71F200
   N40G03X35Z35R35
   N50G02X60Z15R5
   N60G01Z0
   N70X62
   N80M02
```

Exemplo 2 moagem :

Para a peça apresentada abaixo, indique os programas para efetuar a operação de contorno.

1. As interpolações circulares devem ser programadas com coordenadas centrais de acordo com a norma ISO.

2. As interpolações circulares devem ser programadas com raios de acordo com a norma ISO.

Ferramenta: Fresa de dois tamanhos **d= 8 mm; T4D4; Vc = 26 m/min; f = 100 mm/min**.

O ponto de aproximação para a operação de contorno é (**X= 0, Y= -20, Z= -5**).

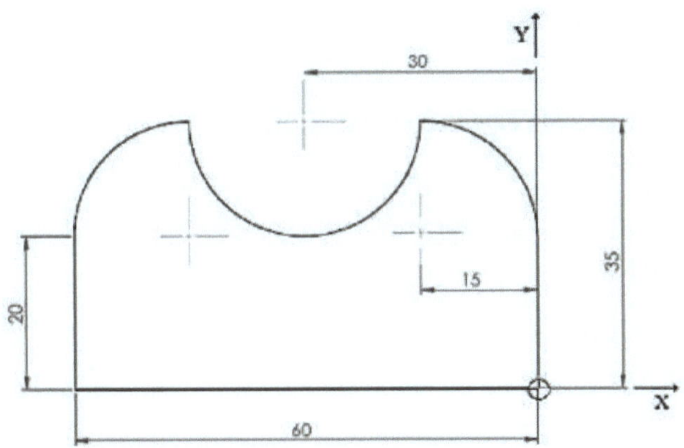

Correção do exemplo 2 :

1- Interpolação circular por centros, norma ISO :

%1234

N10G80   G90 G40 G71

(Chamada de ferramenta)

N20G52   G00 X0 Z0

N30T4   D4 M6

(Condições de corte)

N40G97   S1000 M3 M41

N50G96   S26

N60G94   F100

(Operação de contorno)

N70   G00 X 0 Y-20, Z-5 G42

N80   G01 Z110 M3 M7

N90   Y20

N100   G3 X-15 Y35 I-15 J20

N110   G2 X-45 Y35 I-15 J30

N120   G3 X-60 Y20 I-15 J20

N130   G1 Y0

N140   G1 X10

N150   G97 S1000 M9

N160   G52 G40 G00 X0 Z0 M5

N170   M02

2- Interpolação do raio circular, norma ISO :

    %1234

N10   G80 G90 G40 G71

(Chamada de ferramenta)

N20   G52 G00 X0 Z0

N30   T4 D4 M6

N40   (Condições de corte) G97 S1000 M41

N50   G96 S26

N60   G94 F100

N70   (Operação de contorno) G00 X 0 Y-20, Z-5 G42

N80   G01 Z110 M3 M7

N90   Y20

N100   G3 X-15 Y35 R15

N110   G2 X-45 Y35

N120   G3 X-60 Y20

N130   G1 Y0

N140   G1 X10

N150   G97 S1000 M9

N160   G52 G40 G00 X0 Z0 M5

N170   M02

3.7.11 Atraso temporal

Esta função suspende a execução do programa durante um tempo programado.
A função G04 não é modal.

Sintaxe :

```
G04 F...
```

G04: Função de temporizador programável.

F... Tempo em segundos de 0,01 a 99,99 segundos.

Nota: a função "G04 F..." não anula o valor do avanço programado com F

Exemplo:

G04 F6.5 (atraso de 6,5 segundos).

1.1.12 Paragem no fim do quarteirão

Esta função pára a execução do programa no final do bloco atual.

Sintaxe :

```
G09
```

1.1.13 Planos de maquinagem

Esta função é utilizada para selecionar o plano para interpolação circular e
correção de raios.

<u>**Sintaxe :**</u>

G17/G18/G19

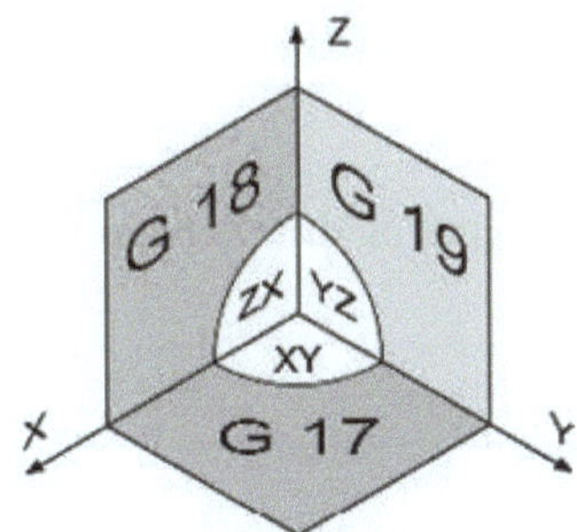

G17: Plano XY (ou UV).

G18: Plano ZX (ou WU).

G19: Plano YZ (ou VW).

Observações :

A função G17 é inicializada quando a máquina é ligada.

G17, G18 e G19 são funções modais.

3.8 Funções auxiliares

3.8.1 Paragem programada

<u>**Sintaxe :**</u>

M03/M04/M05

A função "M00" interrompe a execução do programa em curso. O ciclo será reiniciado (bloco seguinte) quando o operador premir a tecla de arranque do ciclo, em função do funcionamento específico da máquina.

A função "M01" também interrompe a execução do programa em curso, mas apenas se o botão de paragem opcional estiver ativado. O bloco seguinte será executado quando o operador premir o botão de arranque do ciclo.

A função "M02" é utilizada para declarar o fim dos programas. É utilizada para terminar a execução do programa. Se o operador premir a tecla de arranque do ciclo depois da função "M02", o programa será executado a partir do primeiro bloco.

Por fim, a função "M30" declara o fim do programa, acompanhado de um reset da máquina. Esta função é frequentemente utilizada para indicar que o programa terminou e que é altura de preparar a máquina para uma nova operação ou programa.

3.8.2 Rotação do fuso
<u>Sintaxe :</u>

> M03/M04/M05

M03: Rotação do mandril no sentido dos ponteiros do relógio
M04: Rotação do mandril em direção trigonométrica
M05: Paragem do mandril

3.8.3 Rega
As funções M07, M08 e M09 controlam as bombas de aspersão.
<u>Sintaxe :</u>

> M07/M08/M09

M07: Ativa a primeira rega.
M08: Ativa a segunda rega.
M09: Desativação da rega (primeira e segunda).
As funções M07 e M08 são funções modais e são revogadas por M09 ou M02.
A função M09 é uma função modal inicializada quando a máquina é ligada.

3.8.4 Gama de velocidades
Estas funções podem ser utilizadas para definir intervalos de rotação do mandril.
<u>Sintaxe :</u>

> M40/M41/M42/M43/M44/M45

As funções M40 a M45 são funções modais.
As velocidades mínimas e máximas para cada gama são predefinidas pelo fabricante da máquina. Exemplo para as máquinas NUM 1060M:
M40 = 50 a 500 rpm
M41 = 400 a 900 rpm
M42 = 800 a 4200 rpm

3.8.5 Controlo do potenciómetro
Estas funções permitem autorizar ou proibir a utilização dos potenciómetros de avanço e de rotação durante a execução de um programa.
<u>Sintaxe :</u>

> M48/M49

M48: Ativa os potenciómetros de avanço e do mandril em modo automático.
M49: Desactiva os potenciómetros de avanço e de mandril em modo automático.

3.8.6 Posicionamento angular do fuso

A função M19 permite posicionar o mandril numa posição angular precisa, o que pode ser útil para operações de roscagem, rosqueamento, alargamento, etc.

Sintaxe :

> [S..] [M03/M04] [M40 ... M45] EC±.. M19

S: Velocidade do mandril em rpm.

M03/M04: Direção de rotação.

M40 ... M45 : Gama de rotação do fuso

EC±: Valor angular de indexação em graus.

M19: Indexação do mandril (posicionamento).

Nota: M19 é uma função modal antes da descodificação; é revogada pelas funções M03, M04 e M05.

3.9 Subprogramas

O princípio consiste em dividir o programa num programa principal (PP) e num ou vários subprogramas (SP). Após a execução de um subprograma, o controlador da máquina retoma a execução do bloco seguinte do programa principal. É igualmente possível chamar um segundo subprograma a partir de um subprograma já em execução. Este método de programação modular simplifica a gestão do código, reutiliza sequências comuns de operações e torna a programação mais eficiente e fácil de manter. Os subprogramas são frequentemente utilizados para lidar com tarefas repetitivas ou sequências de maquinação complexas que podem ser chamadas a partir de diferentes locais no programa principal, contribuindo para uma programação mais estruturada e clara.

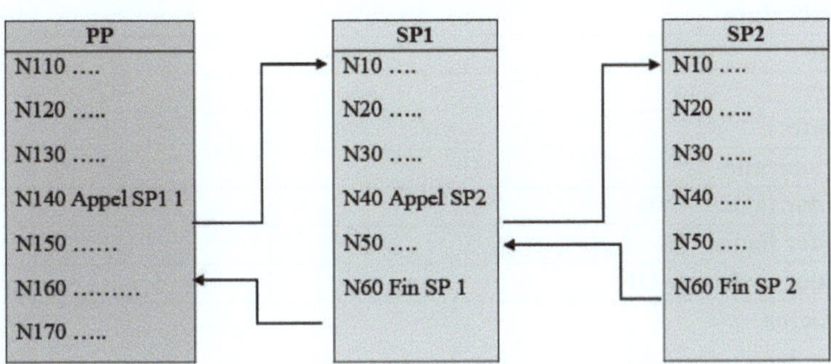

Sintaxe :

❖ **Máquinas NUM :**

G77 H... S...
ou
G77 N... N... S...

Caracteres reconhecidos pelos pós-processadores

Os principais caracteres reconhecidos pelos pós-processadores de máquinas NC são apresentados no quadro seguinte.

Tabela 8. Caracteres do programa NC

Personagens	ISO
Letras do alfabeto	A ... Z
Números	de 0 a 9
Início do programa	%
Comentário	( )
Ponto decimal	.
Sinal de adição	+
Sinal de subtração	-
Sinal de multiplicação	*
Sinal de divisão	/
Igual (atribuição)	=
Superior	>
Mais baixo	<
Maior ou igual a	> =
Menor ou igual a	<=
Diferentes	< >
Igual a (comparação)	=
Valor absoluto	
Sinusite	S
Cosinus	C
Tangente	T
Raiz quadrada	R
Operador lógico AND	&
Operador lógico OR	!
Operador exclusivo OR	

3.10 Ciclos

G80: Anulação do ciclo.

G80	Anulação do ciclo
G81	Ciclo de furação de centragem
G82	Ciclo de perfuração versus ciclo de alargamento.
G73	Ciclo de perfuração com quebra-cavacos

G83	Ciclo de perfuração com rebarbação
G74	Ciclo de batimento à esquerda
G84	Ciclo de batimento à direita.
G85	Ciclo de aborrecimento
G71	Ciclo de desbaste axial
G72	Ciclo de desbaste radial.
G73	Ciclo de desbaste segundo um perfil.
G75	Ciclo de desbaste de ranhuras
G76	Ciclo de rotação da rosca
G64	Ciclo de contorno

Exercícios

Exercício 1

Colocar as origens e os desvios nas figuras abaixo:

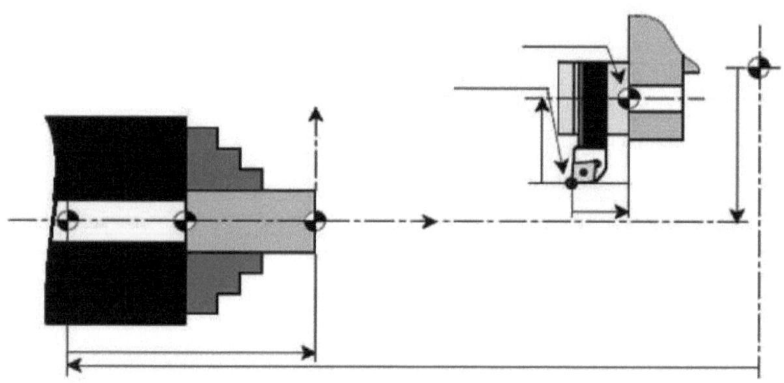

Tiroteio

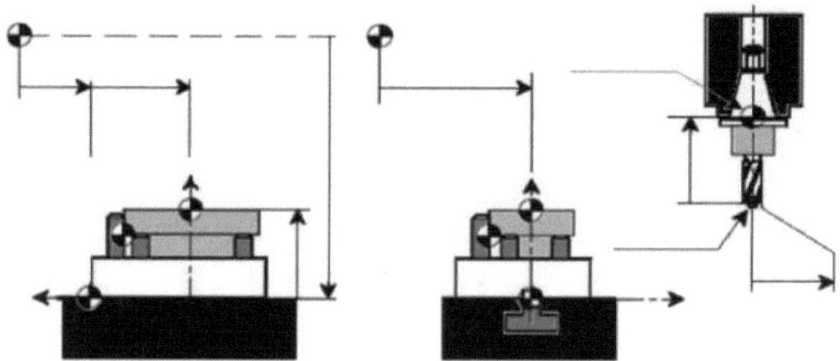

Fresagem

Exercício de correção 1

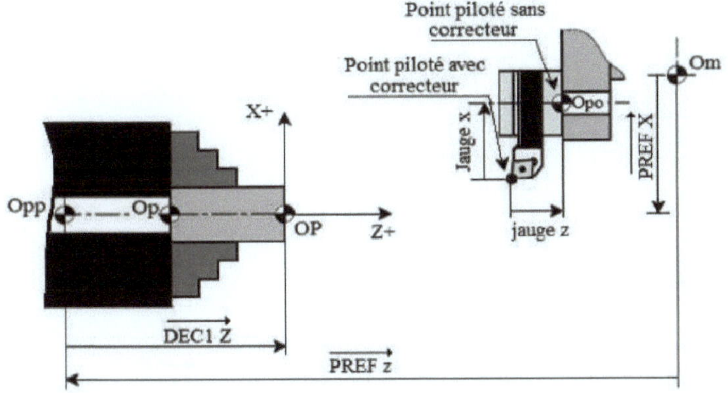

Figura: Virar

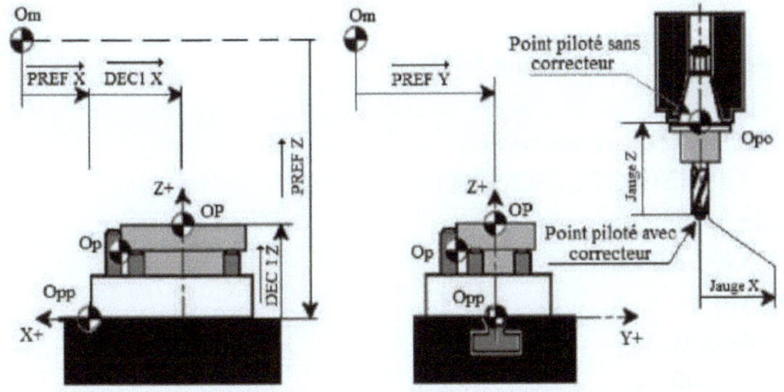

Figura: Fresagem

Exercício 2

Ou para acabar de maquinar o contorno exterior da peça mostrada abaixo.
Nós damos-lhe :

- Ferramenta de desbaste T3D3 VC1 = 50 m/min f1 = 0,1 mm/rot.
- O ponto de aproximação está a 2 mm da peça de trabalho.
- O ponto de folga situa-se a 1 mm da peça de trabalho.

a- Indicar o nome do programa.

b- Inicializar a máquina.

c- Chamar a ferramenta com o corretor.

d- Introduzir as condições de corte.

e- Efetuar a operação de contorno (aproximação, maquinagem e afastamento).

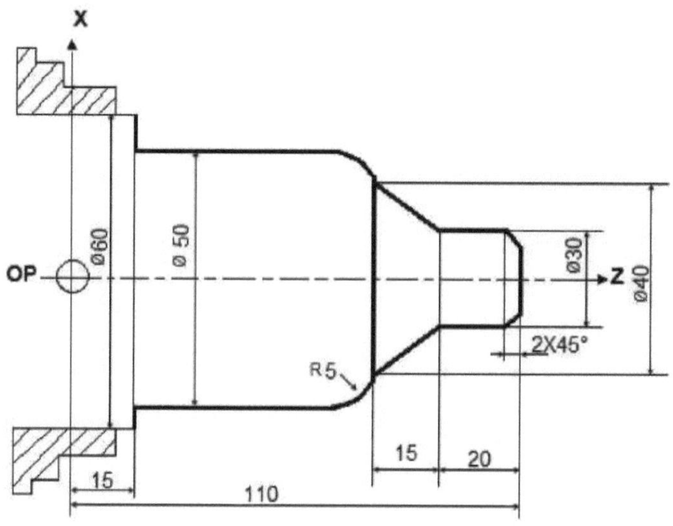

Exercício de correção 2 (norma ISO)

% 0002

(correção ISO TD2) (Inicialização)

N10G80   G90 G40 G71 G92 S3000

(Chamada de ferramenta)

N20G52   G00 X0 Z0

N30 T3 D3 M6

(Condições de corte)

N40G97   S1000 M41

N50G96   S50

N60G95   F0.1

N70 (Operação de contorno)

N80G00   X0 Z112 G42

N90G01   Z110 M3 M7

   N100X26

N110X30   Z108

   N120Z90

N130X40   Z75

N140G03   X50 Z70 R5

N150G01   Z15

   N160X62

(fim do programa)

N170G97   S1000 M9
N180G52   G40 G00 X0 Z0 M5
    N190M02

Exercício 3

Acabar o furo :

- ferramenta de mandrilar T30 D30 Vc = 40 m/min; f = 0,2 mm/rot.
- Distância de aproximação e afastamento 3 mm.

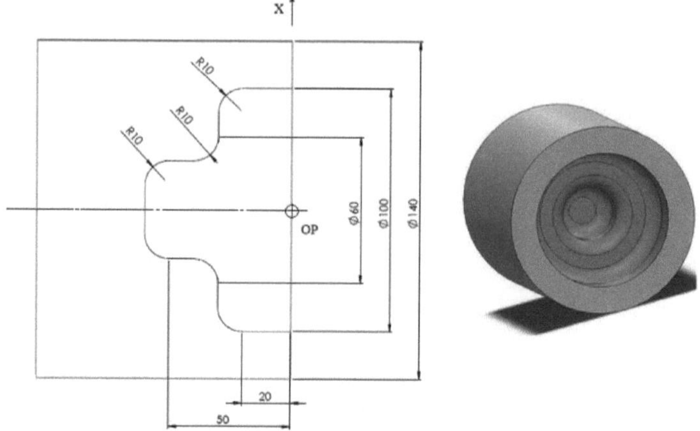

Exercício de correção 3

% 0003

(Furo)

N10G80   G90 G40 G71 G92 S3000

N20G52   G00 X0 Z0

N30T30   D30 M6

   N40G97S800M41

   N50G96S40

   N60G95F0   .2

   N70G00X100Z3G41

N80G01   Z-20 M3 M7

N90G03   X80 Z-30 R10

N100G01   X60

N110G02   X40 Z-40 R10

N120G01   Z-50

N130G03   X20 Z-60 R10

N140G01   X0

N150 Z3

N160G97   S800

N170G52   G00 X0 Z0 M9 M5

   N180M02

Exercício 4

Tendo em conta a peça apresentada abaixo, indique um programa para a terminar:

1- O contorno exterior.

2- As duas operações de centragem.

3- As duas operações de perfuração.

4- A operação de lamage.

5- A operação de abertura de roscas.

Estão disponíveis as seguintes ferramentas:

- Fresa de dois tamanhos **d= 24 mm**; **T4D4**; **Vc = 26 m/min; f = 100 mm/min**.

- Broca de centragem **d= 4 mm**; **T1 D1**; **Vc = 23 m/min; f=105 mm/min**.

- Broca **d= 5 mm**; **T6D6**; **Vc = 20 m/min; f = 90 mm/min**.

- Escareador **d=12 mm**; **T7D7**; **Vc = 20 m/min; f = 120 mm/min**

- Torneira **M6, T20 D20; Vc = 8 m/min; passo = 1 mm e EK=1**.

As distâncias de aproximação e de segurança são de 3 mm da peça de trabalho. O ponto de aproximação para a operação de contorno é (**X= -50, Y= -30, Z= -5**).

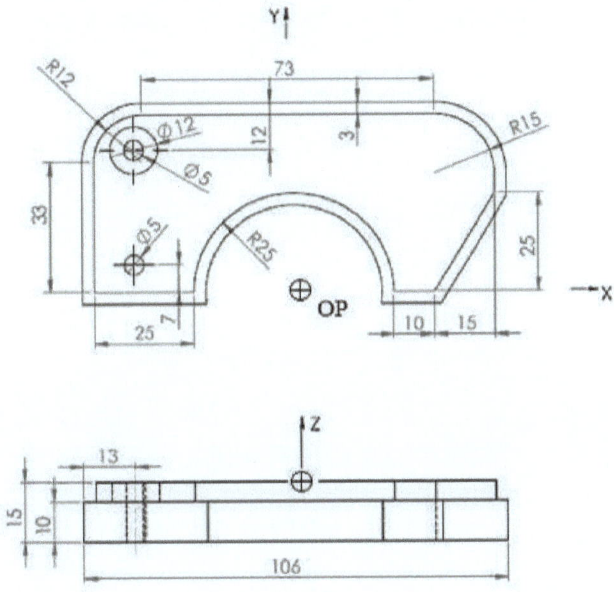

Exercício de correção 4

	% 2016		(Perfuração)
	(Contorno)	N300	T6 D6 M6
N10	G80 G90 G40 G71	N310	G97 S800 M41
N20	G52 G00 X0 Y0 Z0	N320	G96 S20
N30	T4 D4 M6	N330	G94 F90
N40	G97 S800 M41	N340	G00 X-40 Y7 Z3
N50	G96 S26	N350	M3 M7
N60	G94 F100	N360	G81 Z-18 ER3
N70	G00 X-50 Y-30 Z-5	N370	Y36 Z-18
N80	G41	N380	G80
N90	G01 Y33 M3 M7	N390	G97 S800 M9
N100	G02 X-38 Y45 R12	N400	G52 G00 X0 Z0 M9 M5
N110	G01 X23		(Lamage)
N120	G02 X50 Y25 R15	N410	T7 D7 M6
N130	X35 Y0	N420	G97 S800
N140	X25	N430	G96 S20
N150	G03 X-25 R25	N440	G94 F120
N160	G01 X-53	N450	G00 X-40 Y36 Z3
N170	G97 S800 M9	N470	G01 Z-5 M3 M7
	G52 G40 G00 X0 Z0	N480	Z3
N180	M5	N490	G97 S800 M9
N190	(Centragem)	N500	G52 G00 X0 Z0 M5
N200	T1 D1 M6		(Batendo)
N210	G97 S800 M41	N600	T20 D20 M6
N220	G96 S23	N610	G97 S800 M41
N230	G94 F105	N620	G96 S8
N240	G00 X-40 Y7 Z3	N630	G00 X-40 Y7 Z3
250	G01 Z-4 M3 M7	N640	G84 Z-18 ER3 K1 M3 M7
N260	Z3	N650	G97 S800 M9
N270	Y36	N660	G52 G40 G00 X0 Z0 M5
N280	Z-4	N670	M02
N290	Z3		

G97 S800 M9
G52 G00 X0 Z0 M5

Bibliografia

Excedentes

[1] Christian Rattat: CNC milling for makers, Dpunkt Verlag e Rocky Nook, (2017).

[2] Peter Smid: CNC control Setup for Milling and Turning, Industrial Press, Inc, (2010).

[3] Peter Smid: Manual de programação CNC, Industrial Press, Inc (2007).

[4] Marion Sabourdy e Jean-Michel Molenaar: Les machines à commande numérique: Découpeuse, fraiseuses, imprimantes 3D, Eyrolles, (2018).

[5] Kip Hanson: Machining For Dummies, Dummies, (2017).

[6] Harold Hall: Metal Lathe for Home Machinists, Fox Chapel Publishing, (2016).

[7] J-P. URSO: Comando numérico de programação, Mémotech, (2002).

[8] Jean-Pierre Urso: Mémotech - Commande Numérique - Programmation, Educalivre, (1999).

[9] R Cameron: Tecnologia e maquinagem CNC, Saint-Martin, (1996).

[10] C. Marty: La Pratique de la Commande Numérique des Machines-Outils Technique et Documentation, Lavoisier, (1993).

[11] Philippe Marin, Claude Marty e Claude Cassangers: La pratique de la commande numérique des machines-outils, Tec & Doc, (1999).

[12] Encadernação - janeiro: Les Techniques de commande numérique des machines- outils. Monografias do Centro de Atualização Científica e Técnica, Masson Et Cie, (1970).

[13] Bernard Méry, Machines à commande numérique : De l'étude des structures à la maîtrise du langage, Hermes Sciences, (1997).

Normas :

[14] Sistemas de automação e integração - Controlo numérico de máquinas - Formato do programa e definição de palavras de endereço ISO 6983-1:2009.

[15] Sistemas de automação industrial e integração - Controlo de dispositivos físicos - Modelo de dados para controladores numéricos computorizados ISO 14649-1:2004.

Manuais de máquinas :

[16] Manual de programação, NUM 1020/1040/1060M.

Apêndice 1: Ferramentas

1- Tiro

Designação Fotografia

Designação	Fotografia
Ferramenta de endireitar	
Ferramenta de carrinho	
Ferramenta para esculpir e endireitar	
Ferramenta de cópia	
Ferramenta de perfuração	
Ferramenta de roscar	
Ferramenta de roscar	
Ferramenta de corte	

2- Fresagem
Designação Fotografia

Designação	Fotografia
Fresa de faceamento 2T Fresa de faceamento Fresa de haste cónica 2T Fresa de furos e pinos 2T Fresa 2T com haste cilíndrica 2T Fresa de ranhura de corte central de dois lábios Fresa 3T com dentes alternados Fresa 3T extensível com dentes alternados	       

Cortador de ranhuras em T

Fresas cónicas tipo A

Fresas cónicas tipo B

Fresa para engrenagens ou cremalheiras

Cortador convexo

Fresa com ponta de metal duro

3- Perfuração
Designação Fotografia

Perfurar Perfuração por etapas Berbequim de centro Escareador de máquina Torneira da máquina	

Apêndice 2: Tipos de inserções

1- Tiroteio

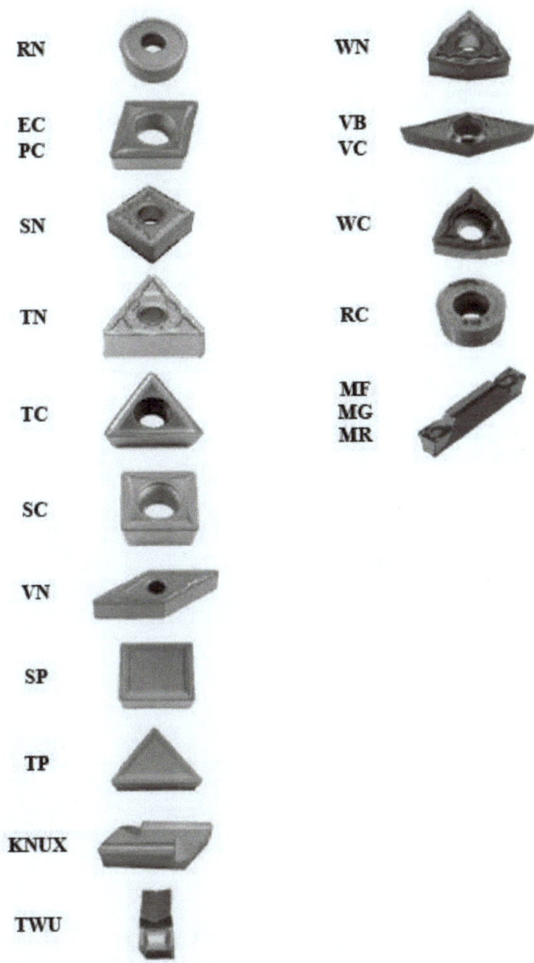

2- Fresagem

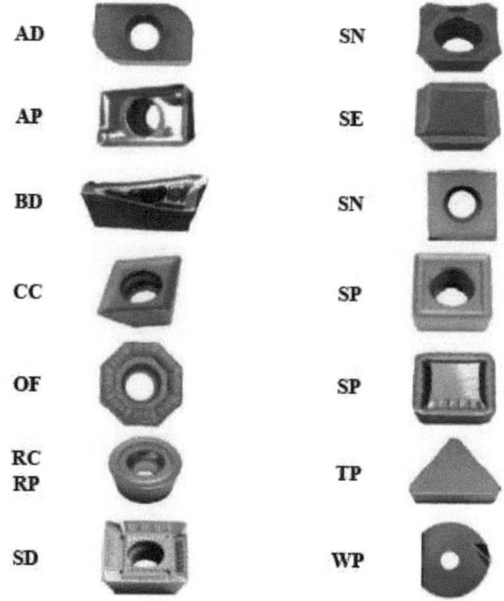

yes
I want morebooks!

Buy your books fast and straightforward online - at one of world's fastest growing online book stores! Environmentally sound due to Print-on-Demand technologies.

Buy your books online at
www.morebooks.shop

Compre os seus livros mais rápido e diretamente na internet, em uma das livrarias on-line com o maior crescimento no mundo! Produção que protege o meio ambiente através das tecnologias de impressão sob demanda.

Compre os seus livros on-line em
www.morebooks.shop

Printed by Books on Demand GmbH, Norderstedt / Germany